职业教育"十三五"规划课程改革创新教材

塑料模具制造项目教程

范乃连　主　编

冯为民　副主编

梁健强　陆志凌　谢克勇

胡广谱　袁星华　李　召　参　编

魏　霞　张燕翔　刘大维

吴必尊　主　审

科 学 出 版 社

北　京

内 容 简 介

本书是在行业、企业专家和课程开发专家的精心指导下，结合编者多年的实践经验编写而成的。本书围绕企业生产实际需要和当前教学改革趋势，坚持以就业为导向，以综合职业能力培养为中心，以"科学、实用、新颖"为编写原则，旨在探索"教学做一体化"的教学模式。

本书包括 4 个实训项目，分别是制造单分型面多腔塑料注射模，制造单分型面单腔塑料注射模，制造双分型面、斜导柱侧向抽芯塑料注射模和制造二次推出塑料注射模。这些项目具体展现了常见塑料模具的零件加工和装配过程。

本书可作为职业院校模具专业的实训教材，也可作为企业培训用书。

图书在版编目（CIP）数据

塑料模具制造项目教程 / 范乃连主编. —北京：科学出版社，2019.7
（职业教育"十三五"规划课程改革创新教材）

ISBN 978-7-03-061783-5

Ⅰ.①塑… Ⅱ.①范… Ⅲ.①塑料模具-制模工艺-中等专业学校-教材 Ⅳ.①TQ320.66

中国版本图书馆 CIP 数据核字（2019）第 129776 号

责任编辑：张振华 / 责任校对：马英菊
责任印制：吕春珉 / 封面设计：东方人华平面设计部

科学出版社 出版
北京东黄城根北街 16 号
邮政编码：100717
http://www.sciencep.com
北京市京宇印刷厂印刷
科学出版社发行　　各地新华书店经销
*
2019 年 7 月第 一 版　　开本：787×1092　1/16
2019 年 7 月第一次印刷　　印张：11
字数：250 000
定价：36.00 元
（如有印装质量问题，我社负责调换〈北京京宇〉）

销售部电话 010-62136230　编辑部电话 010-62135120-2005

前　言

骏马在草原奔驰，练就日行千里之功；雄鹰在长空翱翔，练就飞越河山之术。要掌握制造模具的过硬本领，不在制造模具的环境和实践中反复磨炼，怎能练就扎实的基本功？

本书就是要引领学生走出理论课堂，走进车间，亲自动手制造注射模具，并从中学到塑料模具制造基本知识和掌握模具制造基本技能。

本书是根据《国家中长期教育改革和发展规划纲要（2010—2020年）》《国家教育事业发展"十三五"规划》等相关文件精神，在行业、企业专家和课程开发专家的精心指导下，结合编者多年的实践经验编写而成的。全书采用"基于项目教学""基于工作过程"的职业教育课改理念，以行动为导向，以工作任务为驱动，采用理实一体化的编写模式，突显了职业教育的情景性、职业性和实践性，并从操作技能、专业知识和职业素养3个层面培养学生的职业能力。本书强调要遵守安全操作规程，使学生在学校就养成重视规范操作、安全文明生产和爱护环境等良好职业素质，为学生从学校走向企业工作岗位搭起平稳过渡的桥梁。

本书有4个实训项目，分别是制造单分型面多腔塑料注射模；制造单分型面单腔塑料注射模；制造双分型面、斜导柱侧向抽芯塑料注射模和制造二次推出塑料注射模。主要内容涵盖了制造塑料模具的基本知识和技能。项目1建议为60学时，项目2建议为40学时，项目3建议为60学时，项目4建议为50学时。各项目学时可根据学生制定制造工艺能力的高低及学生操作机床的熟练程度适当增减。

本书所列出的常用的典型制造方案，不能作为唯一答案和评分标准，要鼓励学生充分发挥创新精神，制定更加合理、切实可行的制造方案。

本书由广州市交通运输职业学校范乃连任主编，中国唱片（广州）有限公司冯为民任副主编，广州市教育研究院吴必尊任主审。参编人员还有广州市南沙区榄核海铭机械设备厂梁健强、广东能建电力设备厂有限公司陆志凌、广州市交通运输职业学校谢克勇和胡广谱、广州市市政职业学校袁星华、南海信息技术学校李召、扬州技师学院魏霞、广州市交通技师学院张燕翔和大连市轻工业学校刘大维。

在编写本书过程中，编者得到多位活跃在制造业第一线的模具技术人员的指导和帮助，他们是：惠州高比烘焙设备有限公司朱炳南、佛山市公和钣金精密制品有限公司孔伟峰、广州市显华家电实业有限公司麦建明、东莞普立厦斯精密模具有限公司陈彩强。他们提供的许多宝贵经验，使本书更切合模具制造实际，在此一并表示衷心感谢！

由于编者水平有限，疏漏之处在所难免，敬请各位专家和同行批评指正。

编　者

目　　录

1
项目

制造单分型面多腔塑料注射模

>>>>>

◎ 学习目标

1. 能够选择合理的加工方法，制定合理的加工路线。

2. 能够根据加工余量计算工序尺寸。

3. 能够制定合理的装配工艺路线。

4. 养成严格遵守机加工安全操作规程的习惯。

◎ 任务描述

1. 制定单分型面多腔塑料注射模（图 1-1）中各主要零件（图 1-2～图 1-8）的加工工艺方案，并将这些零件加工出来。

2. 制定图 1-1 注射模的装配工艺路线，并装配成合格的模具。

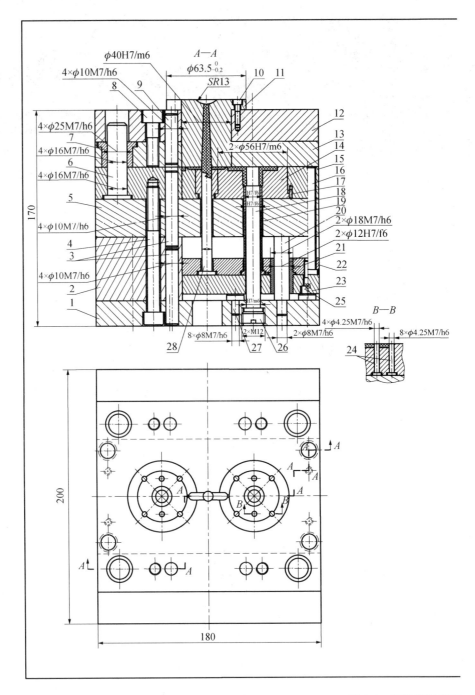

图 1-1　圆形塑料底座

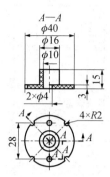

$A—A$
$\phi40$
$\phi16$
$\phi10$
15
3
$2\times\phi4$

$4\times R2$
28

塑件材料：ABC
生产批量：大批量

28	拉料杆	1	T10A		HRC55～60
27	限位钉	8		GB/T 4169.9—2006	大径ϕ16×5 小径ϕ8×11
26	螺塞	2	45		M16×4
25	螺钉	4		GB/T 70.1—2008	M6×20
24	小型芯	12	T10A		HRC55～60
23	推板	1	45		180×90×15
22	推管固定板	1	45		180×90×13
21	推板导套	2	T10A	GB/T 4169.12—2006	孔ϕ12×28 外径ϕ18×28
20	推板导柱	2	T10A	GB/T 4169.14—2006	大径ϕ12×50 小径ϕ8×18
19	推管	2	T10A		HRC55～60
18	大型芯	2	T10A		HRC55～60
17	防转定位销	2		GB/T 119.1—2000	ϕ3×8
16	复位杆	4	T10A	复位杆12×100 GB/T 4169.13—2006	HRC55～60 ϕ12×100
15	动模板	1	45	A1518-25 GB/T 12555—2006	150×180×25
14	嵌件	2	T10A		HRC55～60
13	定模板	1	45	A1518-20 GB/T 12555—2006	150×180×20
12	定模座板	1	45	A1518-25 GB/T 12555—2006	200×180×20
11	浇口套	1	45		HRC55～60
10	螺钉	3		GB/T 70.1—2008	M5×16
9	定位销	4		GB/T 119.1—2000	ϕ10×40
8	螺钉	4		GB/T 70.1—2000	M10×35
7	导套	4		导套16×20 GB/T 4169.3—2006	套外径 ϕ25×20
6	导柱	4		导柱16×60×25 GB/T 4169.4—2006	ϕ6×60
5	支承板	1	45		HRC43～48 150×180×30
4	螺钉	4		GB/T 70.1—2008	M10×100
3	定位销	8		GB/T 119.1—2000	ϕ10×60
2	垫块	2	45	A1518-50 GB/T 12555—2006	HRC43～48 180×28×50
1	动模座板	1	45	A1518-20 GB/T 12555—2006	200×180×20
序号	名称	数量	材料	标准	备注

圆形塑料底座 注射模具		比例		1∶1
		重量		
设计		日期		共　张
审核		日期		第 1 张
班级		学号		

技术要求

1. 装配后，要求大型芯端面与动模板分型面齐平。模闭合后，它们能同时与定模板分型面紧贴，保证闭模间隙小于塑件的不溢料值0.04mm。
2. 本图没有画出冷却水道，装配时，可围绕两嵌件在动模板钻出通水道和安装水管接头螺孔。注意：水道要避免通过嵌件或与其他孔接通。
3. 本图也没有画出起重吊环，装配后，可分别在动、定模侧面重心处安装吊环。

注射模具装配图

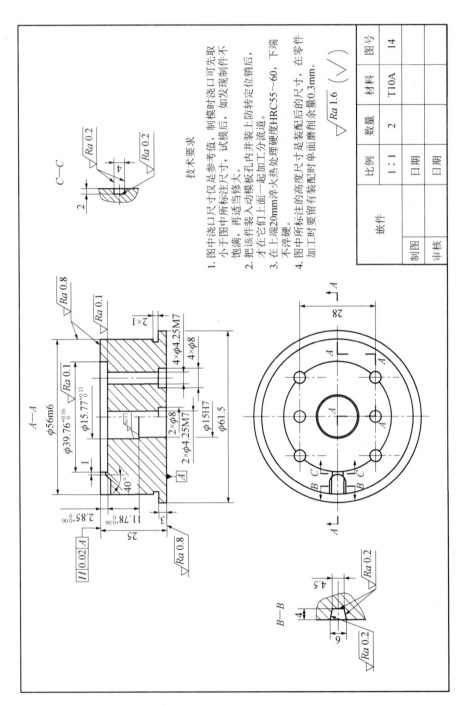

技术要求

1. 图中浇口尺寸仅是参考值，制模时浇口可先取小于图中所标注尺寸，试模后，如发现制件不饱满，再适当修大。
2. 把该件装入动模板孔内并装上防转定位销后，才在它们上面一起加工分流道。
3. 在上端20mm淬火热处理硬度HRC55～60，下端不淬硬。
4. 图中所标注的高度尺寸是装配后的尺寸，在零件加工时要留有装配单面磨削余量0.3mm。

嵌件		比例	1：1	材料	T10A	图号	14
		数量	2				
制图		日期					
审核		日期					

$\sqrt{Ra\,1.6}$ （$\sqrt{}$）

图 1-2　嵌件零件图

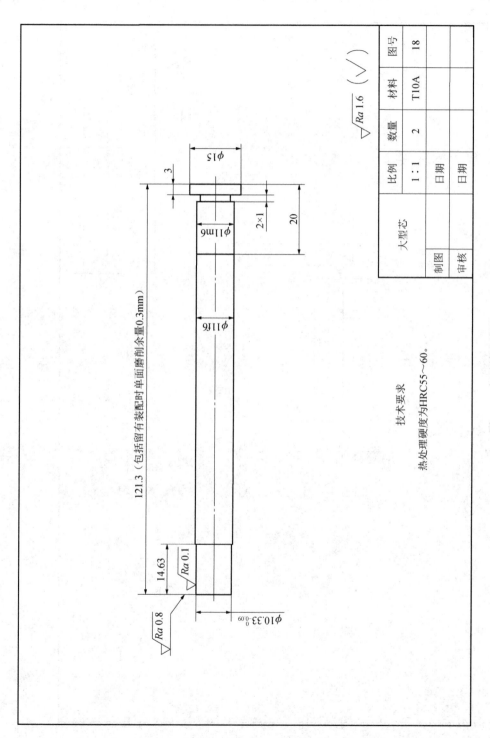

图 1-3　大型芯零件图

大型芯		比例	1∶1	数量	2	材料	T10A	图号	18
				日期					
制图				日期					
审核									

$\sqrt{Ra\,1.6}$（$\sqrt{}$）

技术要求

热处理硬度为HRC55～60。

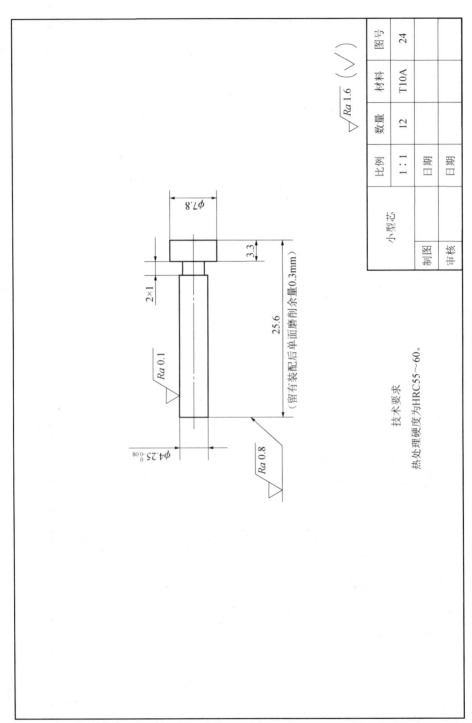

图1-4 小型芯零件图

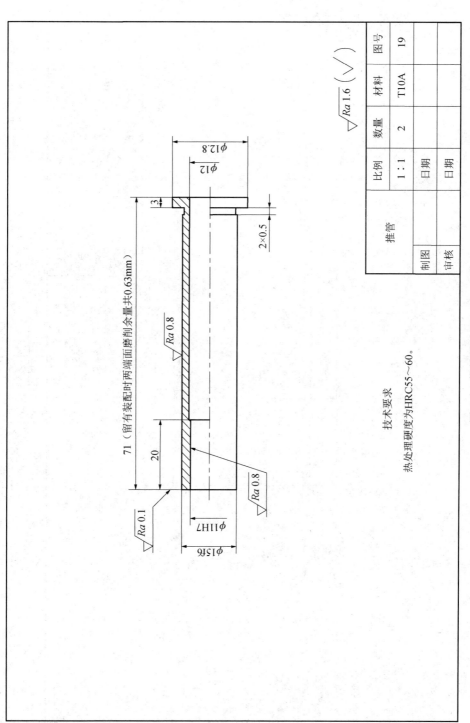

技术要求

热处理硬度为HRC55～60。

图1-5　推管零件图

推管	比例	数量	材料	图号
	1：1	2	T10A	19
制图	日期			
审核	日期			

$\sqrt{Ra\ 1.6}$ （$\sqrt{\ }$）

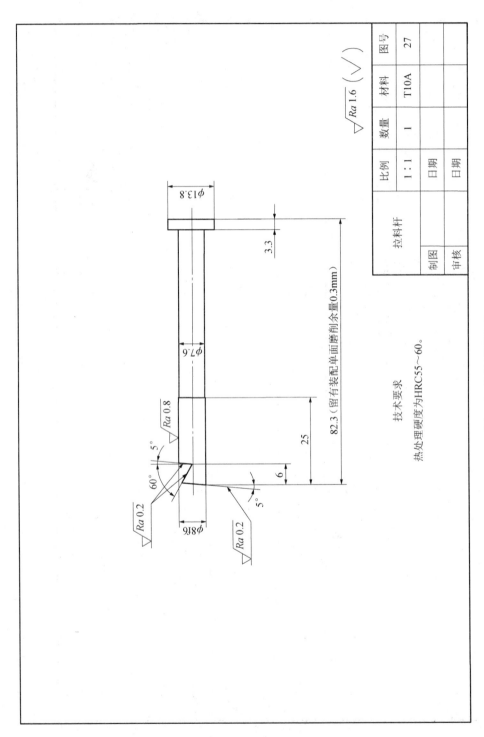

$\sqrt{Ra\ 1.6}\ (\sqrt{\ })$

拉料杆		比例	1:1	数量	1	材料	T10A	图号	27
	制图		日期						
	审核		日期						

$\phi 13.8$

3.3

$\phi 7.6$

82.3（留有装配单面磨削余量0.3mm）

$\sqrt{Ra\ 0.8}$

25

5°

60°

$\sqrt{Ra\ 0.2}$

$\phi 8.6$

$\sqrt{Ra\ 0.2}$

5°

6

技术要求

热处理硬度为HRC55～60。

图 1-6　拉料杆零件图

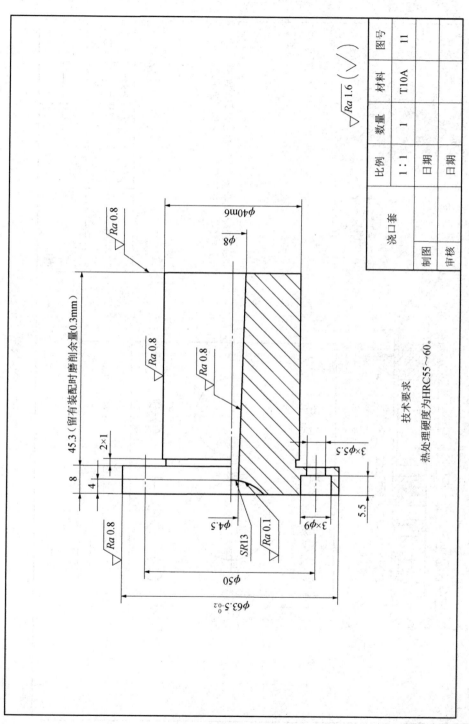

技术要求

热处理硬度为HRC55～60。

图1-7　浇口套零件图

浇口套	比例	1:1	数量	1	材料	T10A	图号	11
						$\sqrt{Ra\,1.6}$ (√)		
	日期							
制图	日期							
审核								

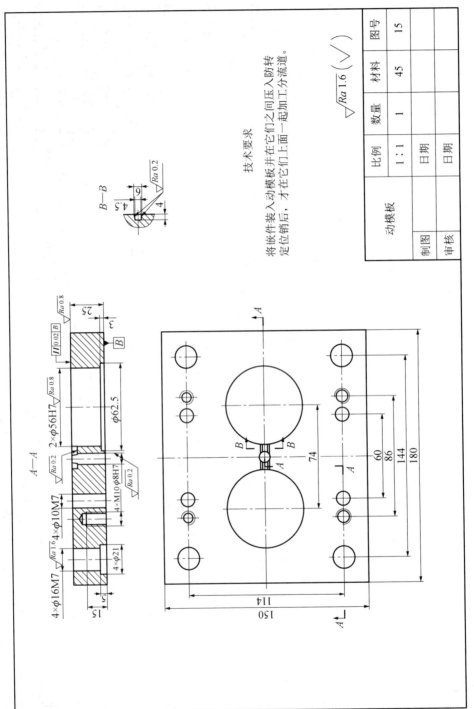

技术要求

将嵌件装入动模板并在它们之间压入防转定位销后, 才在它们上面一起加工分流道。

$\sqrt{Ra\,1.6}\;(\sqrt{\ })$

动模板	比例	数量	材料	图号
	1 : 1	1	45	15
制图	日期			
审核	日期			

图 1-8　动模板零件图

任务实施

一、工艺分析

识读模具图，对模具制造进行工艺分析，制定模具主要零件加工工艺路线和装配工艺过程。

1. 加工工艺路线

从图 1-1 可知，此模具是一次注射可成型两个相同塑件多腔模。为了保证两塑件统一，又为方便加工、热处理和维修更换，模具采用了将具有大小型腔嵌件 14 嵌入动模板 15 内的结构。嵌件 14 是圆形件，可采用车削和磨削加工，但因大型腔孔周边有 4 个半圆形的凸台，不能直接用车削和磨削加工，而要采用电火花或线切割加工。为了降低电火花加工费用，减少加工工时，以及便于热处理和损坏后更换，模具型腔采用局部镶嵌方式。这样一来，优点是将复杂难以加工的大型腔转变为易加工的圆形嵌件，缺点是在加工型腔大孔时出现间断切削现象。为了避免这种现象发生，加工前可在 4 个小空心圆孔中压入圆柱填补料。为了保证嵌件 14 中两个型腔的同轴度，必须在一次装夹中进行车削（磨削）加工。嵌件 14 加工路线如下：

粗车毛坯→钻 4 个小孔并压入塞销→精车外圆和大小型腔→淬火热处理→磨外圆与动模板孔和两个型腔达要求尺寸→研磨抛光大小型腔，取出残余塞销。

本模具中的浇口套、推管、大小型芯、拉料杆都是圆形件，采用的加工方法是车削和磨削。要注意的是，在凸肩与要磨削圆柱的交接处要留有越程槽（或退刀槽），以便进行磨削加工。这些圆形零件的大致加工路线如下：

车削→淬火热处理→磨削外圆与相应零件孔→研磨抛光工作面。

本模具中的动（定）模板、动（定）模座板、推板、垫块、支承板、推管固定板都属于板类零件，故平面都采用刨（铣）削加工和磨削加工，孔采用以两垂直侧面为基准的镗孔或钻孔加工。它们的大致加工路线如下：

刨（铣）削→磨上、下模板底面和两相垂侧面→划线→镗孔或钻孔。

2. 装配工艺过程

本模具是多腔的中小型模具，适用于以模板相邻两垂直侧面为装配基准的装配方法。在装配动模过程中应遵循先装螺钉连接，后装定位（或导向）元件，最后安装推出机构工作元件的原则。根据模具图样要求，决定购买模架 A1518-20×25×50 GB/T 12555—2006 来装配本模具，其大致装配过程如下：

01 磨削装配基准两侧面

在导柱和导套定位下，将动模板 15 和定模板 13 夹紧齐磨两垂直面。

02 定模装配

在定模座板 12 和定模板 13 安装连接螺钉和定位销→在两板配作镗浇口套 11 的固

定孔→在浇口套和定模座板安装连接螺钉。

03 动模装配

以两垂直侧面为基准，在动模板 15 镗嵌件固定孔和拉料杆中心孔→在动模座板 1、垫块 2、支承板 5、动模板 15 安装连接螺钉和定位销→在动模座板 1、推板 23、推管固定板 22 安装推板导柱 20 和推板导套 21→在动模安装拉料杆 28、推管 19 和复位杆 16。

三思而后行

1. 在加工图 1-2 的嵌件时，如果先钻大型腔圆周上 4 个 $\phi 4.25$mm 的小孔后车削 $\phi 39.76$mm 的大型腔，或者先车削大型腔后钻圆周上 4 个小孔，各有什么不妥？应采用什么方法来补救？

2. 图 1-1 装配图中的零件 17 有什么作用？装配到哪个工序之前就应把它安装好？

3. 图 1-1 装配图中的零件 20 上端面为什么要与零件 2 的上平面平齐？装配时采用什么方法使它们平齐？

4. 在装配图 1-1 的模具时，在将零件 11 压入板件 12 和 13 孔内之前，或将零件 14 压入板件 15 的孔内之前，应在压入件前端还是进入孔口处加工出压入导向倒角？为什么？

5. 在装配图 1-1 的模具时，应采用什么方法加工孔，才能保证各板相应的导柱和导套的固定孔、定位销孔、螺孔准确对准？

6. 图 1-1 的模具应以什么装配基准较为合适？讨论一下简单的制造过程。

二、编写模具主要零件的机加工工艺卡

各主要零件的加工工艺卡见表 1-1～表 1-7，其中工序简图中"☑"所指的面是本工序的加工面，加工余量可查附表 4 得到。至于其他非主要零件，可根据图 1-1 所示装配图，通过购买或简单加工而得。

1. 嵌件（图 1-2）的加工工艺卡（表 1-1）

表 1-1　嵌件的加工工艺卡

工序号	工序名称	工序内容	设备	工序简图
1	备料	锯棒料 $\phi 68$mm×42mm，两端和直径都留单面车削余量 3mm，留夹头长 11mm		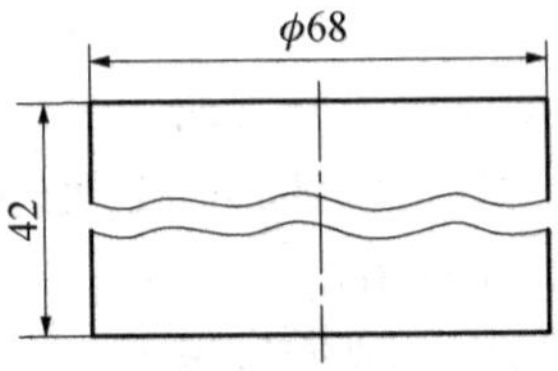 $\phi 68$　42

续表

工序号	工序名称	工序内容	设备	工序简图
2	粗车毛坯	粗车毛坯 ϕ 61.5mm×36.6mm,高度方向留单面磨削余量 0.3mm,留夹头长 11mm	普通卧式车床	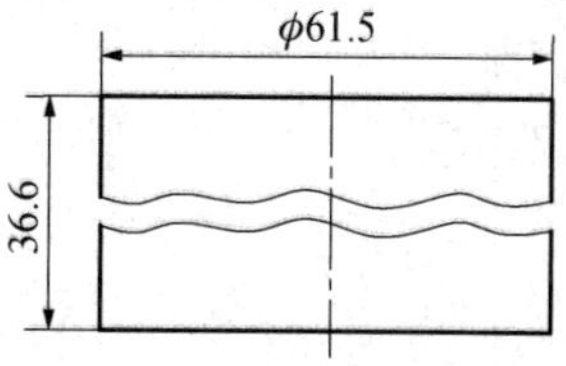
3	钳工钻孔和压入塞销	1)划出 6 个 ϕ 4.25mm 孔的中心线,然后按中心位置钻 6 个 ϕ 4.25M7 的孔 2)在非中心线上的 4 个孔内分别压入塞销,使它们配合为小量过盈或过渡配合,一端面平齐	钻床	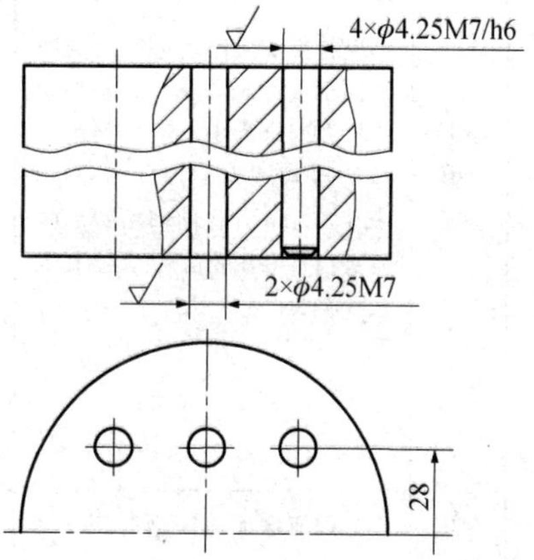
4	精车	如右图所示,一次夹紧夹头完成以下加工 1)车削外圆至尺寸 ϕ 56.6mm×22.3mm,高度和径向都留单面磨削余量 0.3mm 2)车削型腔 ϕ 39.36mm×3.15mm 和 ϕ 15.37mm×12.08mm,车削小孔至尺寸 ϕ 14.6mm,径向都留有单面磨削余量 0.2mm。高度方向留有单面磨削余量 0.3mm 3)车削退刀槽 2mm×1mm,车削夹头连接槽 ϕ 16mm×3mm	卧式车床	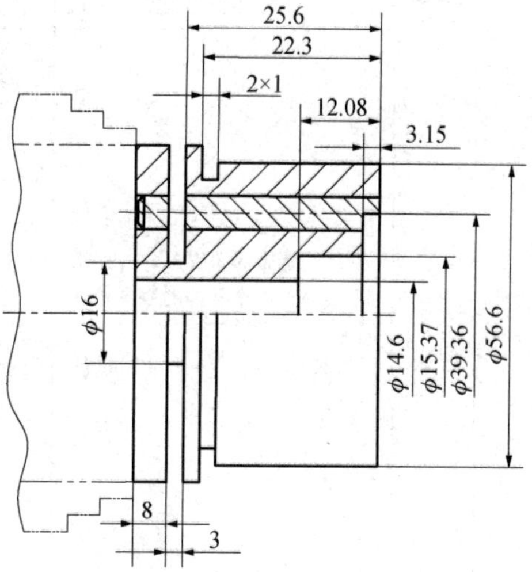

工序号	工序名称	工序内容	设备	工序简图
5	热处理	淬火,回火,保证前端约 20mm 长度硬度 HRC55~60,其余不淬硬		
6	磨削内外圆	夹持夹头磨削内外圆,磨削外圆至尺寸 ϕ56m6,使它与动模板孔配合为 H7/m6,磨削两型腔至尺寸为 ϕ39.74mm 和 ϕ15.75 mm,径向都留有单面研磨余量 0.01mm,磨削小孔至尺寸 ϕ15H7	内外圆磨床	
7	研磨抛光型腔	分别研磨抛光两型腔至尺寸 ϕ39.76$^{+0.16}_{0}$ mm、ϕ15.77$^{+0.11}_{0}$ mm,并使型腔表面粗糙度值达 Ra 0.1μm		
8	钳工钻孔	1)用锯把夹头锯除,并锉平断口,把 4 个孔内的残余销塞打出 2)在底部钻出 6 个 ϕ7mm 的凸肩孔		

2. 动模板（图1-8）的加工工艺卡（表1-2）

表1-2 动模板的加工工艺卡

工序号	工序名称	工序内容	设备	工序简图
1	磨削	把动模板和定模板从购来的模架取出，以导柱和导套孔定位，把两板重叠在一起，分别磨削两垂直侧面作为加工和装配基准	平面磨床	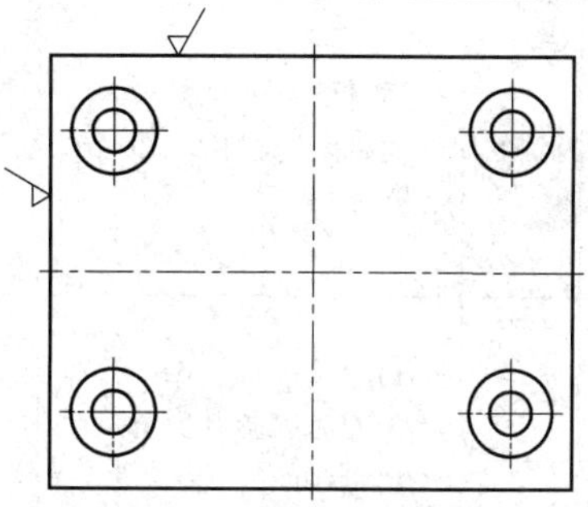
2	钳工划线	以磨削出的两垂直侧面为基准，分别在动模板和定模板划出螺孔和定位销孔中心位置，在动模板划出嵌件中心孔位置和孔的轮廓线，右图标注为各中心位置到基准的尺寸		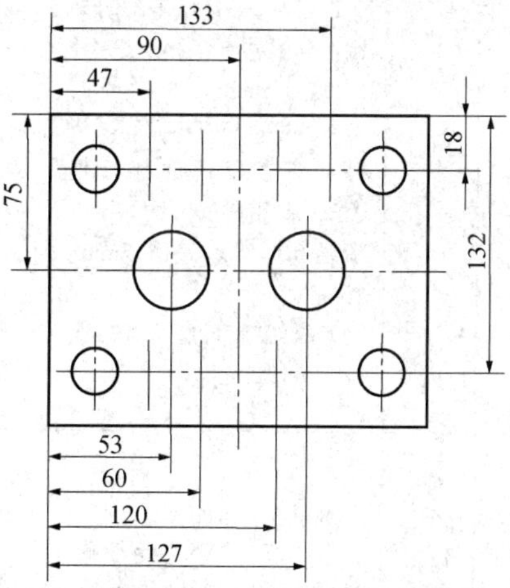
3	镗孔	以两侧面为基准标注的尺寸的中心位置分别钻、镗孔至尺寸ϕ56H7和ϕ62mm，钻、镗中心孔至尺寸ϕ8H7	坐标镗床	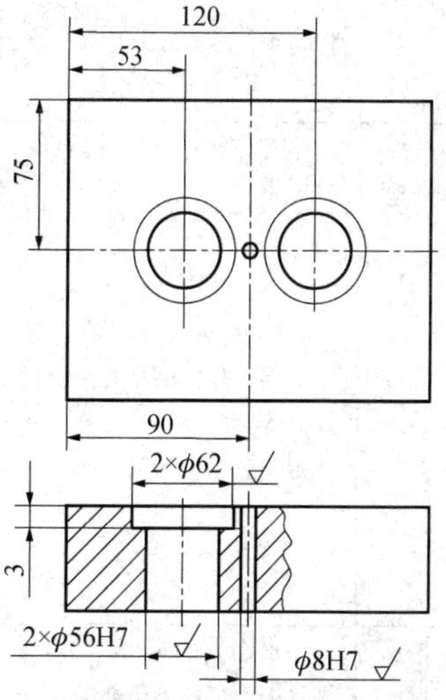

3. 浇口套（图 1-7）的加工工艺卡（表 1-3）

表 1-3　浇口套的加工工艺卡

工序号	工序名称	工序内容	设备	工序简图
1	备料	锯棒料 ϕ70mm×59mm，径向和长度方向都留单面车削余量 3mm		
2	车削	1）夹持一头，车平一端面，车削凸肩外圆至尺寸 $\phi63.5^{0}_{-0.2}$ mm 2）掉头夹持已车削的外圆，车削另一端面，使大外圆长为 8mm，车削外圆 ϕ40.6mm×45.3mm，长度和径向都留单面磨削余量 0.3mm。用成型刀钻、铰主流道孔，车退刀槽 2mm×1mm 3）夹持小外圆，车削球面 SR13mm 凹坑	普通卧式车床	
3	钳工钻孔	划出 3 个 M5 螺钉孔中心位置，钻 3 个 ϕ5.3mm 通孔，然后扩沉孔 3 个 ϕ9mm×5.5mm		
4	热处理	淬火，回火，硬度达 HRC 55～60		
5	磨削	夹持大外圆磨小外圆至尺寸 ϕ40m6，使它与定模座板和定模板配合为 H7/m6	磨床	
6	研磨抛光	研磨抛光球面凹坑，主流道达表面粗糙度值要求		

4. 推管（图 1-5）的加工工艺卡（表 1-4）

表 1-4　推管的加工工艺卡

工序号	工序名称	工序内容	设备	工序简图
1	备料	锯棒料 ϕ28mm×88mm，径向和长度方向都留单面车削余量 3mm，留夹头长 11mm	锯床	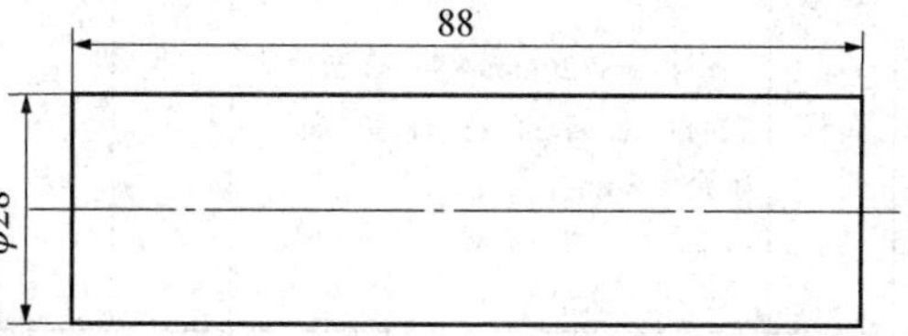
2	车削	1）夹持一头，车平一端面，车削夹头和凸肩外圆至尺寸 ϕ 21.8mm 2）夹持已车削外圆，车平另一端面，车削外圆至尺寸 ϕ 15.4mm× 71mm，车削孔至尺寸 ϕ 10.6mm×20.3mm，径向留有单面磨削余量 0.2mm，高度方向留有单面磨削余量 0.3mm，车削退刀槽 2mm× 1mm，车削连接刀槽 ϕ 16mm×3mm，如右图所示 3）掉头夹持 ϕ 15.4mm 外圆，钻 ϕ 12mm 孔	普通卧式车床	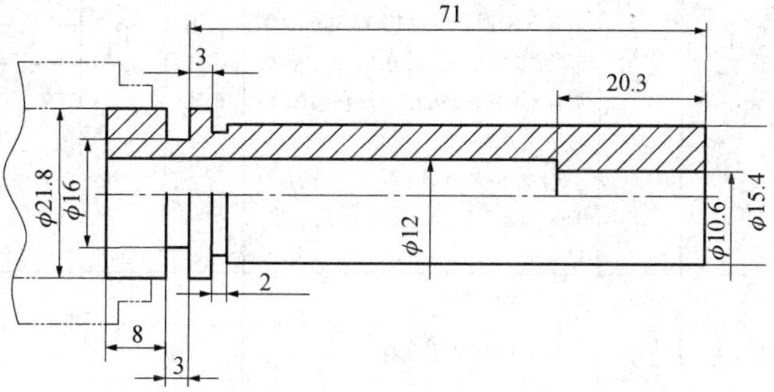
3	热处理	淬火，回火，硬度达 HRC55～60		
4	磨削内外圆	夹持夹头磨削外圆至尺寸 ϕ 15f6，使其与嵌件孔配为 H7/f6，磨削内孔至尺寸 ϕ 11H7	内外圆磨床	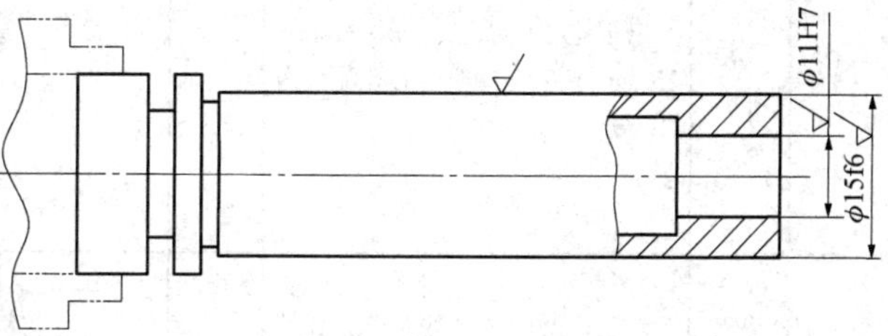
5	钳工	将夹头切除，并锉平断口		

5. 拉料杆（图 1-6）的加工工艺卡（表 1-5）

表 1-5　拉料杆的加工工艺卡

工序号	工序名称	工序内容	设备	工序简图
1	备料	锯棒料 ϕ 20mm×88mm，长度方向和径向都留有单面车削余量 3mm		
2	车削	1）夹持一头，车平一端面，车凸肩外圆至尺寸 ϕ 13.8mm，长约 10mm 2）掉头夹持已车外圆 ϕ 13.8mm，车另一端面，使总长 82.3mm，留有装配时磨削余量 0.3mm，车外圆 ϕ 8.4mm×25mm，留有磨削单面余量 0.2mm 3）掉头夹持 ϕ 8.4mm 外圆，车削外圆 ϕ 7.6mm，留有凸肩长度 3.3mm	普通卧式车床	
3	钳工锉修	钳工锉修 Z 形头部		
4	热处理	淬火，回火，硬度达 HRC55～60		
5	磨外圆	磨削前端外圆达尺寸 ϕ 8f6mm× 25mm，使其与动模中心孔配合为 H7/f6		
6	钳工研磨	钳工研磨抛光 Z 形头部，使其表面粗糙度值达 Ra0.2μm		

6. 小型芯（图 1-4）的加工工艺卡（表 1-6）

表 1-6 小型芯的加工工艺卡

工序号	工序名称	工序内容	设备	工序简图
1	备料	锯棒料 ϕ 14mm×41mm，长度方向和径向都留有单面车削余量 3mm，留夹头长 11mm		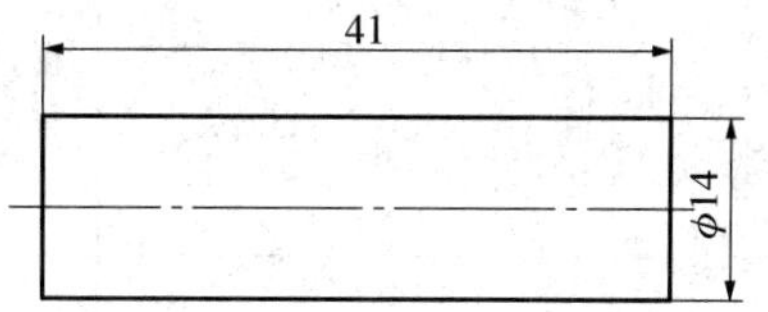
2	车削	1）夹持一头，车平一端面，车削夹头和凸肩一端外圆至尺寸 ϕ 7.8mm 2）夹持已车削外圆，车平另一端面，使其总长度为 25.6mm，留有装配后单面磨削余量 0.3mm，车外圆至尺寸 ϕ 4.65mm，留有单面径向磨削余量 0.2mm，车连接槽 ϕ 4mm×3mm，车退刀槽 2mm×1mm，如右图所示	普通卧式车床	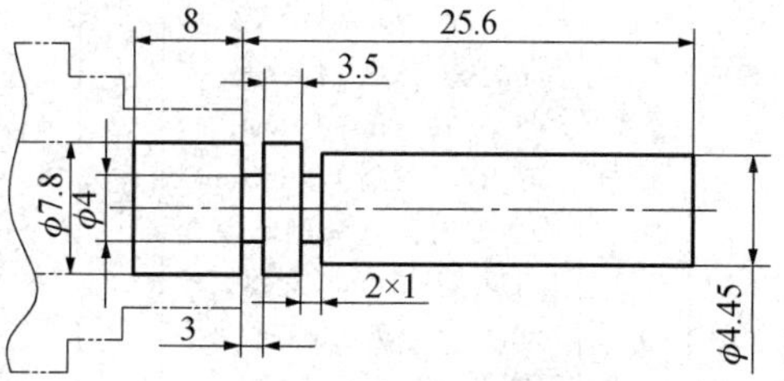
3	热处理	淬火，回火，硬度达 HRC55～60		
4	磨外圆	夹持夹头磨外圆至尺寸 ϕ 4.27mm，留单面研磨余量 0.01mm	磨床	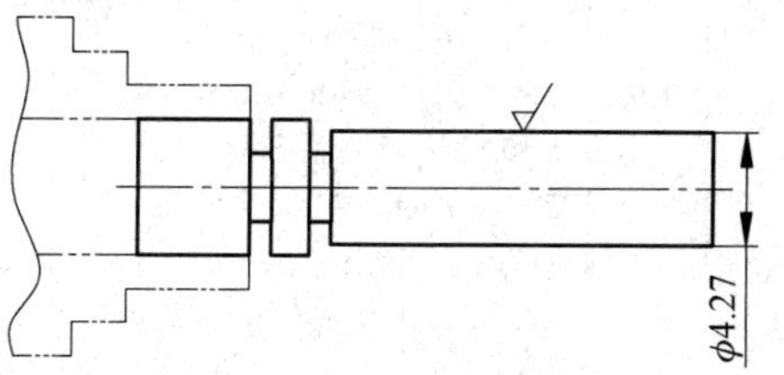
5	钳工研磨	钳工研磨抛光外圆尺寸 $\phi 4.25_{-0.08}^{0}$ mm，表面粗糙度值达 Ra 0.1μm，用锤子将夹头敲除，并将断口锉平		

7. 大型芯（图1-3）的加工工艺卡（表1-7）

表1-7　大型芯的加工工艺卡

工序号	工序名称	工序内容	设备	工序简图
1	备料	锯棒料 ϕ 21mm×137mm，长度和径向都留单面车削余量3mm，留有中心顶尖夹头长10mm	锯床	
2	车削	1）分别车两端面并钻中心孔 2）用顶尖分别顶着型芯两端中心孔车削 ϕ 15mm×2mm，车削外圆 ϕ 11.4mm，车外圆 ϕ 10.73mm×14.93mm，径向留有单面磨削余量0.2mm，长度方向留有装配时单面磨削余量0.3mm，车退刀槽2mm×1mm，车削型芯和夹头间槽 ϕ 3mm×3mm	普通卧式车床	
3	热处理	淬火，回火，硬度达HRC55~60		
4	磨削外圆	1）用顶尖分别顶着型芯两端中心孔，磨外圆 ϕ 11m6，外圆与动模的固定孔配合为H7/m6，磨外圆 ϕ 11f6与推管孔配合H7/f6。磨外圆 ϕ 10.33$_{-0.09}^{0}$ mm，然后研磨抛光 ϕ 10.33mm外圆表面达要求的表面粗糙度值 2）切除去顶尖夹头，并磨平切口	内外圆磨床	

三、单分型面多腔塑料注射模装配

1. 定模装配

步骤1 把定模板13放在定模座板12上，四周找正后，用平行夹具将它们夹紧，以已磨出的两垂直侧面在定模板划出各孔中心位置。接着在定模板已划出位置配钻4个 ϕ 8.5mm螺孔底孔，拆开后，在定模板13攻4个M10螺孔，在定模座板12扩4个 ϕ 10.5mm通螺孔和4个 ϕ 16.5mm深10.5mm的沉孔。

步骤 2 用 4 个 M10 螺钉将定模板 13 和定模座板 12 连接紧。按定模板已划出位置在两板配钻、铰 4 个 ϕ10mm 定位销孔。

步骤 3 把 4 个 ϕ10mm 的定位销压入两板的销孔内,用镗床或立铣按动模板已划出位置在两板钻、镗浇口套 11 的固定孔 ϕ40H7,并在定模座板中心孔入口处加工出压入导入倒角,如图 1-9 所示,然后通过磨削浇口套 11 外圆,使它与孔配合为 ϕ40H7/m6。

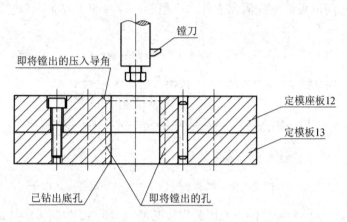

图 1-9 钻、镗浇口套固定孔

步骤 4 把浇口套 11 压入两板中心孔内,用平行夹具把浇口套的凸肩紧压在定模座板 12 上,然后通过浇口套凸肩上 3 个已加工的 ϕ5.5mm 的孔,用 ϕ5.5mm 钻头,在定模座板上引钻出 3 个锥窝,如图 1-10 所示。拆开后,在上模座板钻、攻 3 个×M5 螺孔。

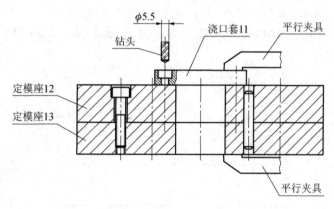

图 1-10 通过浇口套的孔在定模座板引钻锥窝

步骤 5 把浇口套 11 重新压入已用螺钉和定位销连接的定模座板和定模板中心孔内,用 3 个 M5 螺钉将浇口套压紧在定模座板上,用平面磨床把图 1-10 所示的浇口套和定模板下平面一起磨平。定模装配完成。

2. 动模装配

步骤1　按图 1-1 中 2 个 $\phi 4.25mm$ 小孔所示的方位，把两嵌件 14 分别压入动模板 15 的孔内。接着分别在嵌件凸肩处配钻 $\phi 3mm$ 的孔，把两防转定位销 17 分别压入小孔内。把 12 支小型芯 24 分别压入两嵌件的孔内。再把 4 支导柱 6 压入动模板的孔内，然后用平面磨床把动模板的下底面和嵌件、小型芯、导柱的下端面一起磨平，如图 1-11 所示。

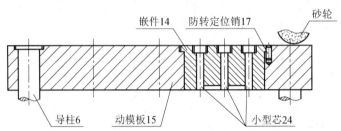

图 1-11　把动模板下底面和嵌件，小型芯下端面一起磨平

步骤2　以动模板和嵌件的下底面为定位基准，按图 1-2 和图 1-8 中 *B—B* 剖视图所示横截面尺寸铣出分流道。

步骤3　按图 1-2 中 *C—C* 剖视图所标出的横截面尺寸铣出浇口，然后按该图中所标注的表面粗糙度要求把型腔、分流道、浇口等表面研磨抛光。

步骤4　把动模板 15、支承板 5、垫块 2 和动模座板 1 重叠在一起并找正后，配钻 4 个螺纹底孔 $\phi 8.5mm$，如图 1-12 所示。拆开后，在动模板攻 4 个 M10 螺孔，在支承板和垫块扩 4 个通螺孔 $\phi 10.5mm$，在动模座板扩 4 个通螺孔 4 个 $\phi 10.5mm$ 和 4 个沉孔 $\phi 16.5mm \times 13mm$。

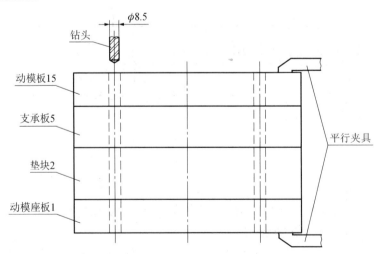

图 1-12　在动模板、支承板、垫块、动模底座上配钻螺孔底孔

步骤 5　用螺钉把上述 4 板连接紧，钻、铰 4 个定位销孔 ϕ10mm，把定位销压入 4 个销孔内。在动模板和支承板配钻 ϕ8mm 拉料杆孔和 4 个 ϕ12mm 的复位杆孔。然后用 ϕ15mm 钻头通过嵌件 14 的 2 个 ϕ15H7 的通推管孔在支承板 5 上引钻出两锥窝，如图 1-13 所示。拆开后，在支承板的锥窝处钻 ϕ15H7 通推管孔，然后扩钻 2 个 ϕ16mm 的通推管孔。

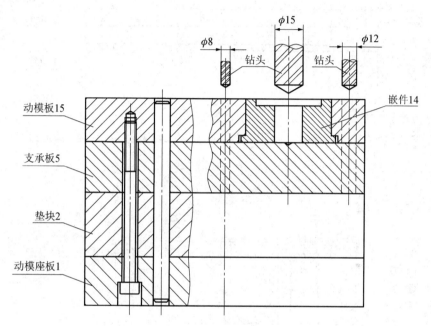

图 1-13　在动模板、支承板配钻拉料杆和复位杆孔，
以及通过嵌件中心孔在支承板引钻锥窝

步骤 6　在动模座板 1 钻出中心顶出孔和钻、铰 8 个 ϕ8M7 的限位钉固定孔，接着把 8 个限位钉 27 压入动模座板的孔内后，用平面磨床把全部限位钉上端面磨平。然后在限位钉上端公共面放上螺钉连接的推管固定板 22 和推板 23 的组合件，找正后，用平行夹具把 3 板夹紧，如图 1-14 所示，钻、镗（铰）推板导柱、导套的固定孔。拆开后，在推管固定板下底加工导套凸肩沉孔。把导套压入固定板孔内，然后用螺钉把推管固定板、导套、推板连接成组件。

步骤 7　在动模座板上装入两推板导柱 20，并放上两垫块 2，一起磨平两垫块上平面和推板导柱的上端面。然后通过推板导柱导向，把推管固定板—导套—推板组合件放置在动模座板 1 上，再把支承板放在垫块上平面，通过压入定位销将支承板、垫块、动模座板定位找正后，用螺钉和螺母将 3 板压紧一起。接着，用平行夹具把推管固定板和推板紧压在支承板下底，如图 1-15 所示。然后分别通过在支承板上已钻出的通拉料杆孔、推管孔、复位杆孔在推管固定板上引钻出锥窝，拆开后，根据锥窝位置，在推管固定板分别钻出拉料杆、推管、复位杆的固定孔和凸肩沉孔，在推板加工出通型芯孔。

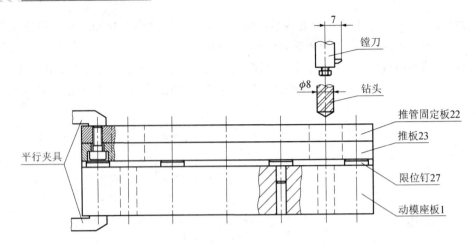

图 1-14　在动模底座、推管固定板、推板配作加工推板导柱、导套固定孔

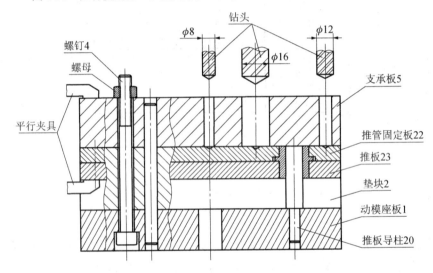

图 1-15　通过支承板的拉料杆、推管、复位杆的通孔在推管固定板引钻锥窝

　　步骤 8　把图 1-15 连接的动模中的推管固定板和推板拆去，然后通过支承板中通推管孔在动模座板上引钻两个锥窝，拆开后，在动模座板钻、铰 2 个固定型芯孔 ϕ11H7，翻过在下底钻、攻 2 个 M16 的螺孔。

　　步骤 9　把拉料杆、推管、复位杆分别装入推管固定板的孔内后，一起磨平它们底部，然后装入推板导套，将它们底部放上推板后，用 4 个 M6 螺钉将它们连接成推管机构部件。

　　步骤 10　从动模座板 1 的下底面压入大型芯 18 后，用螺塞 26 把它压紧在动模座板孔内。然后在动模座板上平面压入限位钉 27 和推板导柱 20，通过推板导柱导向，放上推管机构部件。接着在动模座板上面放上垫块 2、支承板 5 和未装上导柱的动模板 15 后，用螺钉、定位销把动模连接安装好，用平面磨床把动模板上平面和大小型芯、复位杆的上端面磨平，并先保证大型腔深度为 $2.85^{+0.06}_{0}$ mm，然后检查小型腔深度尺寸是否达到 $11.78^{+0.11}_{0}$ mm 的要求。如果达不到要求，可通过修磨推管上端面，使它达到要求。

步骤 11　把动模板 15 拆出，将 4 支导柱 6 压入动模板后，用螺钉、定位销把动模板重新安装在支承板、垫块、动模座板之上。动模装配完毕。

3. 试模

将已安装好的单分型面多腔塑料注射模安装在注射机上，然后将从附表 7 查出注制所需的压力、时间、温度等有关参数输入注射机，并注制出塑料件。检查制件是否达到图 1-1 右上角的塑料件的尺寸精度等要求。

在试模时，如果出现某些缺陷或故障，可根据观察到出现的缺陷或故障现象在附表 8 中查出其产生原因和修改方法，然后对模具和注制参数进行整改。

 做后再思量

1. 在加工图 1-2 中 ϕ39.76mm 的圆形腔和圆周边的 4 个 ϕ4.25mm 的小孔时，能否先加工圆形腔，再钻 4 个小孔？如果这样加工，应在哪个工序后，在哪里压入填补料才能避免钻小孔时出现半圆空切削的问题？表 1-1 中采用先钻小孔，然后在小孔内压入填补料，后车削圆形腔的加工方法。请比较两种加工方法的优缺点。（提示：加工型腔圆形精度和小孔位置精度的比较，在加工配制填补料时难易程度的对比。）

2. 在上述装配过程中，采用引锥窝等配作加工方法来保证动模各板的对应装配孔（通螺孔、通复位杆孔、通推管孔）能准确对准。如果各板的孔独立加工，而又要保证对应孔能准确对准，则需要哪两个先决条件？（提示：精度和基准。）各板各孔的中心位置的尺寸应以哪两个面为设计基准？

3. 在图 1-15 中，如果在还没有安装定位销的情况下，仅用螺钉将 4 板连接后就在动模板和支承板配钻通拉料杆孔和通复位杆孔，以及引钻通推管孔的锥窝，有什么不妥？（提示：螺钉和通孔之间有间隙，能否保证装配后各板对应孔能准确对准。）应在完成哪一个装配工作后，才能进行配钻各孔和引钻锥窝工作？

4. 在上述装配过程中，是先加工并安装好推板导向机构后，再按图 1-15 所示，通过支承板的拉料杆孔、复位杆孔、推管孔在推管固定板引钻锥窝。能否先通过支承板各孔在推管固定板引钻锥窝后再加工并安装推板导向机构？为什么？

5. 推管机构的中心型芯有 3 种固定形式，如图 1-16 所示。本模具采用中心型芯固定在动模座板形式［图 1-16（a）］，由于中心型芯太长，稳定性较差，它在受到侧向注射压力作用时，会产生较大偏摆，致使塑料件中心孔与底面垂直度误差较大。为了减少中心型芯在注射时产生偏摆，可改用图 1-16（b）和（c）所示的两种形式。想一想，用哪一种改动的工作量较大而中心型芯稳定性最高？哪一种改动工作量较小而稳定性仍较差？

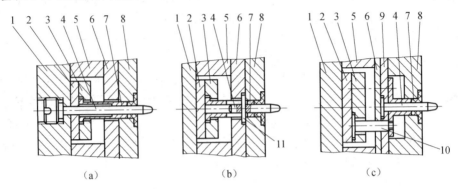

图 1-16　推管推出机构的 3 种形式

1—动模座板；2—推板；3—推管固定板；4—型芯；5—垫块；6—支承板；
7—推管；8—动模型腔；9—型芯固定板；10—推杆；11—固定销

6. 本模具每次合模，型芯前端面都会与定模板分型面碰撞接触，经过长期生产多次碰撞后，在闭模时型芯前端面与定模板面之间会出现间隙并逐步扩大。当间隙多大时，它们之间会出现横溢料而致使塑件孔盲塞？这时，采用什么修配方法使大小型芯升高而使模具闭合时型芯与定模板面能紧密接触？为了避免这种横溢料现象发生，也可以按图 1-17 所示，把中心型芯加长。合模时，使中心型芯插入定模板设置的孔内。这样，不但能避免塑件中心孔出现横溢料，而且因型芯在定模增加了支承点而能增强型芯的稳定性。但是随着模具开合，型芯长期反复在孔内插入和拔出会导致它们相互插入的部分在径向受磨损，又会产生新的质量问题。试分析这个质量问题产生的原因，以及模具的修理方法。（提示：减少型芯和孔之间的间隙。）

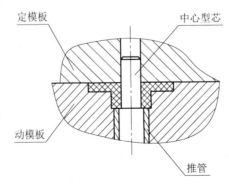

图 1-17　增加型芯稳定性和避免塑件孔出现横溢料的改进结构

考核评价

完成制造任务后，请按表1-8进行考核评价，总评价结果可分为5个等级，即优、良、中、合格和不合格。

表1-8 制造单分型面多腔塑料注射模的评价表

评价项目	评价内容标准	配分	评价结果		
			自评	组评	教师评
零件加工和模具装配方案的合理性	1）制定的机加工和模具装配方案合理，能保证模具质量，并能结合实习车间的设备实际	20			
	2）制定的工艺方案具有良好经济效益和可操作性	5			
	3）制定的工艺方案条理清楚，工序尺寸标注完整、合理	5			
模具制造质量（通过检测该模具注制出的塑件得出）	1）成型的塑件内外形尺寸在图样允许的尺寸范围才得此分	20			
	2）成型的塑件无明显溢料飞边和强行推出擦伤痕迹才得此分	10			
	3）成型塑件的表面粗糙度值≤Ra 0.4 μm才得此分	10			
完成制造任务的速度和工作态度	1）按时完成机加工和装配任务	10			
	2）操作机床加工和装配的熟练程度	10			
	3）能与同学交流加工方法和装配经验，协作精神好	5			
	4）遵守车间安全操作规程	5			
综合评价	评语（优缺点与改进措施）：	合计			
		总评成绩（等级）			

知识链接

一、工艺分析

在识读塑料模具装配图和模具零件图基础上，对模具进行制造工艺分析。

在制造塑料模具之前，必须先看懂模具装配图和各零件图，才能了解模具各部分结构的性能、装配关系，以及各模具零件的结构形状、精度要求、技术条件等情况。然后根据这些情况进行工艺分析，找出主要技术要求和关键技术问题，并结合车间实际设备条件才能制定合理可行的模具制造工艺路线。

识读塑料模具装配图和零件图，找出各部分的主要技术要求。

塑料模装配主视图一般按工作位置摆放，塑料注射模常采用立式模摆放形式，图1-1就是这种摆放形式。主视图常采用全剖视图或阶梯剖视图画出，它尽可能表示模具所有零件的结构形状和它们相应装配关系。主视图表达模具处于闭合状态，也可以处于半闭半开的状态。俯视图通常将定模取走，只画动模可见部分。模具左右或前后对称时，俯视图也可以画出动模和定模各半视图。俯视图表达主流道、分流道、浇口、型腔、螺钉、定位销、导柱（导套）在分型面分布情况。如果主视图和俯视图未完全表达某些结构，则可添加左视图或局部移出视图，如图 1-1 中，由于小型芯 24 在模具中的装配情况还未表达清楚，所以增加局部移出剖视图 B—B 表达。装配图右上角画有塑料件的零件图。装配图右侧为技术条件和明细栏。技术条件中标注着模具装配中的特殊要求。明细栏中标注各个零件的数量、材料、国家标准，有国家标准的零件一般可以购买到，不用自己制造。

由于塑料模装配图具有以上布局和绘制规律，因而在看图时，应主、俯视图上下对照看，先在俯视图看出流道、型腔、连接螺钉、定位销和导柱等各部分的分布情况和模板的轮廓形状，然后根据在俯视图上标注的剖切位置，在主视图或左视图、局部视图中找出相应剖视图，明确模具的成型工作部分（型腔和型芯）、推出装置、导向机构、浇注系统、侧分型与抽芯机构等的结构和功能，了解零件之间的装配关系和连接固定的情况。

根据装配图中零件的图号和名称，可找到相应的模具零件图，一般非圆形零件有两个或两个以上视图。看零件图时，可根据一个视图所标注的剖切位置，在相应视图中看到其内部结构形状，通过其尺寸标注和标题栏上的技术条件，可了解到该零件的主要精度要求、表面粗糙度要求和热处理等技术要求。

下面就以图 1-1～图 1-8 所示的装配图和零件图为例，介绍如何识读塑料模的装配图和零件图，并找出它们的主要技术要求。

1. 找出并识读浇注系统主要零件

浇注系统的主要零件是浇口套 11，从图 1-1 主视图可看出，它处于定模中心位置，根据它的图序号 11 找到图 1-7 浇口套零件图，它是定位圈和浇口套为一体的圆形件，可采用车削和磨削加工。它的小外圆柱与定模座板 12 和定模板 13 的中心孔配合 H7/m6，可通过车削淬火后外圆磨削来达到配合要求。主流道孔要求表面粗糙度值为 $Ra\,0.8\mu m$，可通过在淬火后进行抛光研磨达到要求。

2. 找出并识读该模具成型工作部分（型腔和型芯）

从俯视图可看到流道和两个型腔在分型面分布的情况，中心大型芯和型腔一般分别处于模中塑料件内和外位置，根据俯视图标注的 A—A 剖切位置，在主视图找到相应的剖视图。可以看到，中心大型芯 18 用螺塞 26 压紧固定在动模座板 1 上，它是圆形件，可采用车削和磨削加工。从移出局部剖视图 B—B 可知，型腔由嵌件 14 和小型芯 24 镶拼而成，这两种零件都是圆形件，也可以用车削和磨削加工。整个型腔嵌件以 H7/m6 的配合嵌入动模板 15 的孔内，可采用嵌件淬火后进行磨削，使其达到配合要求。从图 1-2～图 1-4 中可看到，型腔和型芯中工作成型部分尺寸精度和表面粗糙度（$Ra\,0.01\mu m$）要求较高，可采用淬火后磨削加工达到其尺寸精度要求，最后通过研磨抛光使其达到表面粗糙度要求。

3．找出并识读塑料件推出装置

推出装置一般处于动模板和动模座板之间。根据图 1-1 俯视图的 *A—A* 剖切位置，在主视图可看到，推出机构执行元件由 2 个推管 19、1 支拉料杆 28、4 支复位杆 16 组成，它们都安装在推板固定板 22 和推板 23 上。推出装置的导向机构由安装在动模座板的推板导柱 20 和安装在固定板的推板导套 21 组成。执行元件和导向元件都是圆形件，可采用车削和磨削加工。执行元件大部分与孔配合是大间隙配合，所以这些都容易加工，只有它接触塑料前部分与模孔配合为小于溢料值的间隙配合（H7/f6），可淬火后用外圆磨削使其达到与孔配合精度。推板和固定板是板类件，可采用刨削（或铣削）和磨削加工。

4．了解各模板安装和动、定模导向的结构情况

从图 1-1 的主视图和俯视图上下对照得知，4 支螺钉和 4 支定位销将定模板 13 安装在定模座板 12 上，4 支螺钉和 4 支定位销将动模板 15、支承板 5、垫块 2 安装在定模座板 1 上。安装在定模板的 4 个导套和安装在动模板的 4 支导柱起着动、定模的导向作用。

二、制定合理的主要模具零件加工工艺路线

1．选择适当的模具零件机加工方法和加工路线

在工艺分析的基础上，结合车间现有设备的实际情况，选择适当的、切实可行的加工方法和加工工艺路线，在附表 1～附表 3 中列出分别是外圆表面、孔表面、平面表面的各种加工方法或加工方案及相应达到的精度和表面粗糙度。在制定零件加工工艺方案时，可根据零件加工面形状、所要求的精度和粗糙度及其适用范围，结合车间现有加工设备情况，选择相应的加工方法或加工路线。

2．在加工路线的适当位置安插热处理工序

制定加工路线时，要在适当位置安插热处理及辅助工序。例如，退火热处理必须安排在锻打之后，切削加工之前，目的是消除工件因锻打而产生的内应力，并降低其硬度。又如，淬火热处理必须安排在车、铣、刨、钻等半精加工之后，磨削、研磨抛光、电火花等最终的精加工之前，因为如果淬火热处理安排在半精切削加工之前，则零件淬硬后难以切削加工。如果将淬火安排在磨削、研磨抛光、电火花加工后，则会由于淬火热处理所产生工件变形而破坏了最终精加工的精度。也正是为了避免淬火热处理带来工件变形和工件表面氧化层，在不经过淬硬就可以满足一般硬度等使用条件下，也常将精加工的成型零件直接应用到模具中，而不用经过淬火处理。

3．工序尺寸的确定

在制定加工工艺路线时，要确定每个工序加工后要达到的公称尺寸——工序尺寸。工序尺寸是根据每个工序必须留有后续工序的加工余量的原则而计算确定的，即

$$本工序尺寸=后续工序尺寸 \pm 双面后续工序加工余量$$

当加工轴类的外表面时，式中取"+"；当加工孔类内表面时，式中取"-"，工序加工余量可查附表4而得。

本工序是车削孔，后续工序是磨削孔，要求达到尺寸为ϕ40mm×25mm的孔，查附表4得单面余量为0.12～0.18mm，如取单面余量0.15mm，则

车削孔的工序尺寸（直径）=（40-2×0.15）mm=39.7mm

三、保证模具质量和提高模具制造效率的工艺措施

1. 在空心处压入填补料

图1-2所示嵌件异形型腔的加工，如果先钻出圆周的4个ϕ4.25mm小孔，再车削ϕ39.76mm的大孔，在车削大孔时就产生间断切削，引起切削时吃刀量的剧变，致使刀具受过大冲击力而崩刀。另外，由于切削力变化过大，刀具相对工件的位置也改变很大，这种变化规律也被"复映"在被加工的圆孔表面上，导致在加工表面上产生较大的所谓"误差复映"的圆度误差。

如果先加工ϕ39.76mm大孔，再钻4个ϕ4.25mm小孔，同样在钻4个小孔时会产生间断切削。

为了避免在空心处产生间断切削，在加工前，可以在空心处压入填补料。图1-2中的异形型腔可采用下面方法加工，即先钻出4个小孔，再在小孔压入4个小芯轴，然后加工大孔，加工完毕后把已车废的4个芯轴取出，再压入4个小型芯，就形成图1-1所示的异形型腔。

2. 在将要磨削（或加工螺纹）的圆柱与突肩交接处留有砂轮越程槽（或退刀槽）

如图1-18（a）所示，当磨削左端小外圆柱面时，要在它与大圆柱交接处留有2mm×3mm的砂轮越程槽。当车削图1-18（b）所示外螺纹时，要在它与大圆柱面交接处留有1mm×2mm的退刀槽，便于加工螺纹。

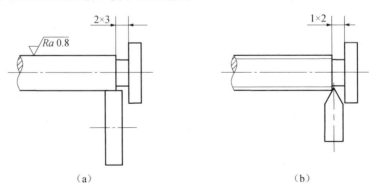

（a）　　　　　　　　　　　　　　　　　（b）

图1-18　设置砂轮越程槽或退刀槽

3. 便于安装拆卸的措施

1）若镶嵌件与孔的配合为过渡配合或过盈配合，为了便于安装，必须在型芯进入的前端或孔口处设置倒角来导入。这里要注意的是，倒角形成的空隙不能处于注射熔料能达到的地方，以免其收纳熔料。如图 1-19 所示，其中，图 1-19（a）只能在镶嵌件进入前端倒角 *C*，而不能在孔口倒角。而图 1-19（b）则相反，只能在进入的孔口倒角 *C*，而不能在镶嵌件的前端倒角，否则倒角产生的空隙会收藏熔料。在图 1-19（b）中，也可以在镶嵌件压入前端倒角，待把它压入模板孔，一起磨削，把倒角磨去。但是预先要在这两零件留足磨削余量。

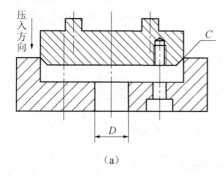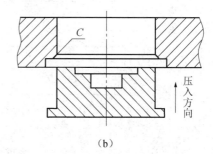

图 1-19　便于安装拆卸的措施

2）当镶嵌件是以过渡配合或过盈配合装入固定板的不通孔时，为了便于拆卸，必须在固定板设置能伸入顶杆顶出镶嵌件的孔，或在镶嵌件设置螺孔，以便拧入螺杆。图 1-19（a）中，就在固定板中心设置 *D* 的孔，需要拆卸时，可以通过该孔插入顶杆把镶嵌件推出。

4. 在不影响使用功能的条件下，尽量减少精密配合部分，从而减少精加工的工作量

1）减少精密配合面数目。如图 1-20（a）所示的镶嵌件，上部分与模板孔采用 M7/h6 的较精密配合，就足可以起到固定镶嵌件和注射时防止漏料的作用，而其凸肩部分与孔可放弃配合，允许它们之间有较大间隙。

2）减少它与模板孔的精密配合的长度或面积。如图 1-20 所示的非圆镶嵌件，图 1-20（a）中的镶嵌件与模板孔的精密配合过长，加工修配较困难；若如图 1-20（b）所示，使其与孔非配合的凸肩部分 *H* 加长，用以减少配合加工面的长度 *h*，则加工就比较容易，且可以节省工时。

5. 采用配作（或配合）的加工方法加工分布在若干模板的对应装配孔

如果独立加工在不同模板上的型腔孔和型芯固定孔、导柱和导套固定孔、定位销孔、螺孔和通螺孔、推杆（管）的固定孔和通孔，则加工出来不同板的对应装配孔很难对准。

为了保证装配质量，必须采用配作加工方法，即将这几块模板重叠找正夹紧，一起配钻或配镗这些装配孔，这样既可以保证各板相应装配孔的同轴度，又可大大节省分开加工时夹紧和加工的工时。

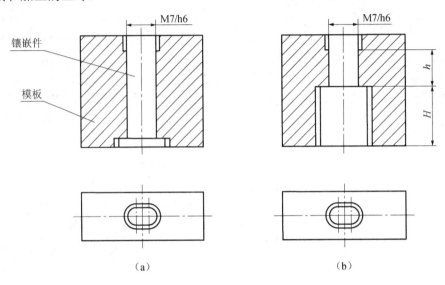

图 1-20　尽量减少配合精度加工部分

在配作加工这些孔时要注意以下两点。

1）在设计模具时，尽量使配作加工的几个模板精度要求高的孔径大小一致，这样既便于加工和测量，又可以减少量规、钻头、铰刀等工具的品种。如图 1-21（a）所示，两板的要求配作加工孔采用相同孔径 d，这有利于加工和测量，而非配作加工孔径 D，可在拆开后再加工。在若干块板配作加工大小不一的孔时，为了便于加工和测量，必须使由外至内加工的孔径由大逐渐变小，如图 1-21（b）所示。而图 1-21（c）所示的中间板的大孔 D 就难以加工和测量。一般这种中间大孔只能与其他孔的同轴度要求不高，待拆开后再进行加工。

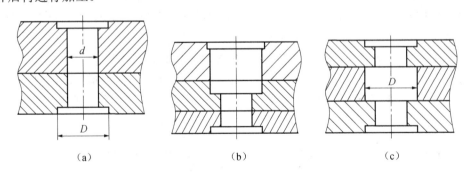

图 1-21　在若干模板配作加工孔

2）在配作加工导柱和导套固定孔时，要注意保证孔与孔之间的中心轴线平行精度。在若干块模板配作加工螺孔和销孔的常用方法如下：用夹具把这几块板夹紧，然后用压板把它们压紧在钻床或铣床工作台上，加工一个孔后，松开压板，将夹紧的这几块板移到第二孔位置再加工第二个孔。用这样的方法加工出来的孔相互平行度很低，用作螺钉和定位销装配是完全可以的，而用作导柱和导套固定孔却不可以。这是由于受到每次压紧在工作台的力大小不一和定位面存有杂质的影响，每次加工时刀具相对于工件的垂直度误差都不一样，导致加工出来的孔不能相互平行，用这样的孔装配导柱和导套时会卡死而不能相对运动。要加工导柱和导套固定孔，则要采用精密的铣床或镗床，并要把配作加工的若干块板一次压紧在机床的工作台上，连续加工完这几个孔。即加工完一个孔后，利用工作台带工件移动到新的加工位置，再进行加工。

四、塑料模的装配方法

塑料模常用的装配方法有修配法和互换装配方法。

1. 修配法

当模具零件加工精度很低时，在装配中钳工对模具零件有关部位的预留余量进行锉、刮、磨、研等修配后，使装配后的模具达到很高的装配精度的装配方法称为修配法。配作就是把若干工件装夹在一起加工多个孔的方法，它可以保证各板的相应孔能准确对准。

这种装配方法不需要购置高精度加工设备，而是靠钳工修配来达到高精度装配，很适合单件生产的模具制造业，所以绝大部分工厂采用这种方法来装配模具。

2. 互换装配法

这种方法是指模具相关的配合零件按规定公差加工后，不需要经过钳工任何修配，直接装配成模具后就能达到装配精度要求。即所有模具零件的型孔、型面、螺钉孔、定位销孔、导柱导套固定孔、推杆（管）固定和孔通孔等经各自按规定精度单件加工完毕后，钳工按装配图就能把它们直接装配成模具，并且能达到要求的装配精度。

这种装配过程简单，对装配钳工的技术水平要求不高，但是要保证达到装配精度，必须使各有关零件尺寸的公差之和小于或等于装配精度公差。这就意味着，装配精度要求越高，即装配精度公差越小，各有关零件公差就越小，各零件加工精度要求越高。也就是说，必须具有先进的模具加工技术、高精度的加工设备和测量装置，才能采用互换装配法。随着模具制造广泛使用各种高精度的数控机床，其能对模具零件进行高精度的加工和测量，使加工出高精度的零件成为可能。为了使装配简便，模具装配可选择性地采用互换装配法。也就是说，对于螺孔和推杆（管）的通孔等装配精度要求不高的地方，采用互换装配法；而对于如定位销孔、导柱和导套的固定孔、型芯（或镶件）与模板孔等装配精度要求高的地方，则采用修配法。

五、塑料模的装配基准和动、定模相对位置的确定

1. 以塑料模的主要零件（型腔和型芯）为装配基准

这种方法是先不确定动、定模相对位置。它的做法是分别加工动、定模的型芯和型腔，然后把它们分别装入定模和动模内，通过在型腔和型芯周边之间放置等厚的垫片来保证塑件周边壁厚均匀的动、定模的相对位置正确，或通过将安装在动模（或定模）的零件插入对方孔内来找正动、定模相对位置，然后用平行夹具把确定了相对位置的闭合的动、定模夹紧，一起镗导柱、导套固定孔，最后在动、定模上安装其他零件，如图1-22所示。合模时就是利用安装在动模内的两小型芯插入定模孔内，使动、定模相对位置确定后一起夹紧后镗导柱、导套固定孔。这种方法要求模具零件加工精度不高，适用于大、中型单腔模。

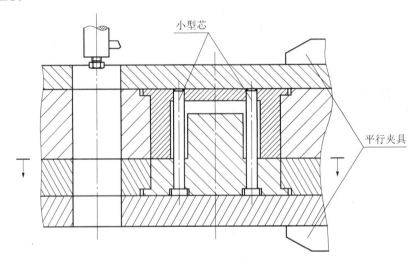

图 1-22　动模小型芯插入定模孔确定相对位置合模后加工导柱导套孔

2. 以模板相邻两垂直侧面为装配基准

这种方法首先以公共装配基准来确定动、定模相对位置。它的做法是先在动、定模板配作加工安装导柱、导套或工艺定位销，通过这些定位元件导向将定模和动模的有关模板找正夹紧后，一起磨削模板两相邻公共侧面呈90°，然后以这两侧面为基准，在动模和定模分别划线和加工各型面或安装零件。为了保证合模后，动、定模相应的型面准确对准，要求各型面到基准的位置精度要高，所以应用这种方法的先决条件是具备精密加工设备，常用于制造中、小型的多腔模。

六、把垫板（支承板）、垫块、固定板、动（定）模安装在模座上的方法

垫板（支承板）、垫块、固定板、动（定）模板安装在模座上常用螺钉连接一定位销定位的安装方法。为了保证连接每板的相应孔都能对准，常采用配作装配方法。这种方法就是在装配时，将所有连接安装的板重叠在一起夹紧，一起钻螺孔底孔，钻定位销底孔和铰定位销孔。如果几块板重叠在一起的总高度比钻嘴长度还要长，则可以先把上面几块板一起配作加工后，取走最上面的几块板，仅留下一块，来引钻其余板的孔。

装配时，应先配钻螺纹连接底孔，拆开后，分别在各板攻螺孔，扩通螺孔和沉孔，然后用螺钉将几块板连接稍紧并细调至相对正确位置后，再拧紧螺钉配钻、铰定位销孔，最后压入定位销。

下面以图 1-1 的动模的动模板 15、支承板 5、垫块 2 和动模座板 1 的连接装配为例，介绍将各模板安装在模座上的过程。

步骤 1   把上述 4 板按图 1-23（a）重叠在一起并找正后，用平行夹具把 4 板夹紧，然后用 M10 底孔 ϕ8.5mm 钻嘴按画出位置配钻 4 个孔。

步骤 2   拆开后，在动模板 15 攻 4 个 M10 螺孔，在支承板 5 和垫块 2 扩 4 个 ϕ10.5mm 的通螺孔，在动模座板 1 扩 4 个 ϕ10.5mm 的通螺孔和沉头孔。

步骤 3   如图 1-23（b）所示，用 4 个 M10 螺钉把 4 板连接稍紧，细调相对位置后，拧紧连接螺钉，然后用销孔底孔 ϕ9.8mm 钻嘴配钻 4 个 ϕ9.8mm 孔。

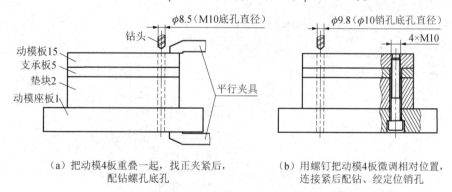

（a）把动模4板重叠一起，找正夹紧后，　　　　（b）用螺钉把动模4板微调相对位置，
　　　　配钻螺孔底孔　　　　　　　　　　　　　　连接紧后配钻、绞定位销孔

图 1-23   用螺钉—定位销把动模各板连接安装过程

步骤 4   用 ϕ10 铰刀配铰 4 个 ϕ10mm 孔，最后压入 ϕ10mm 定位销。

七、塑料模装配后的检查、打标记、试模

1. 检查模具

按模具装配图要求把模具装配好后，还要检查模具装配质量，检查定模座板上平面相对于动模座下平面的平行度、型芯相对于动模板的垂直度、导柱相对于动模座板下平面的垂直度是否达到要求。检查模具的螺钉是否上牢，定位销是否上好。用锤轻击定模和推板，观察定模或推出机构上下移动是否稳定灵活。检查推件装置能否顺利完成推件和复位作用。

2. 打标记

在模具明显处打出塑料件的图号标记。在所有模板前侧面同一方位打出模具零件图号数字标记，以备拆开再重装时辨认各模板摆向。

3. 试模

01 安装模具

大型模具采用吊机把整套模具吊起从注射机两拉杆中放进后，进行安装。对于中小型模具，则利用人工分别把定模、动模从注射机侧面两拉杆之间放进后，进行安装。本模具属于手工吊装的中小型模具。

首先在注射机下面两拉杆上放置较厚的木板；然后把定模从注射机侧面吊入后，放在木板上，在木板和模具之间垫入适当厚度的薄木块，使定模上的定位圈顺利插入注射机固定板中心孔中，找正后用螺钉—压板将定模紧压在注射机固定板上；接着将动模从注射机侧面吊入放在木板上，并使它与安装在机上的定模合上；接着开机慢速移动注射机的动板，使其压紧动模座板后，用螺钉—压板将动模压紧在注射机的动板上，如图 1-24 所示；最后抽走模下面的木板。

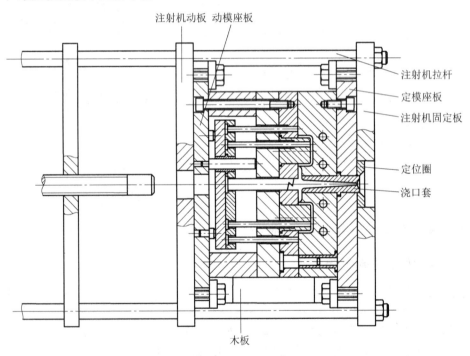

图 1-24　把模具安装在注射机上

02 调整注射机顶杆位置

开机把模具完全打开，停机后松开注射机顶杆上的锁紧螺母，拧转顶杆，至推杆机构推塑件离开型芯右端面 4～5mm 为止，拧紧锁紧螺母，如图 1-25 所示。开机使模具闭合，观察模具推出机构复位是否正常，然后打开模具，观察推出机构推出运动是否灵活。

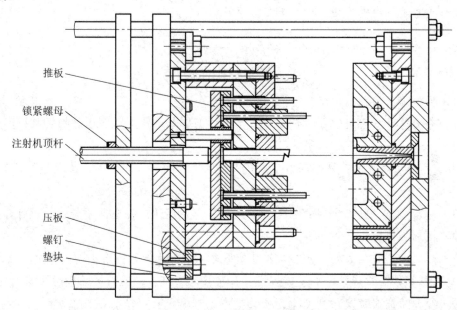

推板
锁紧螺母
注射机顶杆

压板
螺钉
垫块

图 1-25　调整注射机顶杆位置

03 注射前的准备

对于吸湿性或黏水性强的塑料，在注射前必须预热干燥，除去塑料中过多的水分和挥发性物质。对于熔体黏度高的塑料，注射前要用电热圈对模具进行预热，以增大它在注射时的流动性。

04 注射成型调试

步骤1 根据塑料种类查附表 7 得到注射成型的料筒温度、喷嘴温度、模具温度、注射压力、注射时间、保压时间、冷却时间和螺杆转速等工艺参数，然后把这些工艺数据输入注射机内。

步骤2 检查喷射出的塑料流质量。在注射机喷嘴和模具浇口套脱离的情况下，用较低注射力将料筒内已塑化的塑料慢慢挤出，并观察料流流出情况。当料流由有硬块、气泡、银丝转变为均匀光滑明亮时，即说明塑料熔流正常，可以用作试模。

步骤3 调整注射压力、时间、温度。一般开始时，选择低压、低温和较长时间的成型条件，然后按增大压力、浇口截面、时间、温度的先后顺序进行调整，也就是第一次合模注射时，型腔充不满，可增大注射压力或稍扩大浇口面积；如果效果不显著，则增长塑料在料筒的受热时间；还不行，则提升料筒温度。但要注意料筒温度不能提升太高，以防塑料过热降解。

步骤 4 检查塑料质量。调整好注射成型工艺参数后，连续注射成型几个塑件，按模具装配图右上角的塑料件零件图检查其是否达到尺寸精度、表面粗糙度等要求。

在试模时，如果出现某些缺陷，可根据观察到的缺陷现象，在附表 8 找出其产生的原因和修改方法，对模具或成型工艺参数进行整改。

机加工安全操作规程

1．机加工前的准备工作

1）务必穿戴好规定的劳动护具、工作服和工作鞋，戴上工作帽和护目眼镜。

2）接通机床总电源开关和照明开关，检查机床导轨等润滑系统是否缺乏润滑油，若不足，应添加润滑油。另外，还应检查机床的工件和刀具的夹具等装置是否齐备且牢固可靠。

3）起动机床，检查机床的离合器、操纵器是否灵活，安全保护装置是否可靠。

2．机加工的操作规程

1）切削加工前，必须检查工件、刀具是否夹牢，然后开机用小切削量进行试车，检查有没有异常，有异常时应立即停机并报告指导教师，及时检查原因并进行纠正。

2）操作机床时要集中注意力，密切注意切削情况，严禁打闹、说笑或开小差，不准将手伸入机件运动的危险区域。

3）不准在开机时检查、测量工件。

4）在加工中发现机床运行不正常时，应立即停机并报告指导教师。

3．机加工完毕后要做好的维护工作

1）清除机床及其周围的铁屑。

2）在润滑系统中添加润滑油。

3）按规定位置摆放好工具、刀具和夹具。

4）关闭所有电源开关。

2 项目

制造单分型面单腔塑料注射模

>>>>>

◎ 学习目标

1. 了解圆形塑料模具零件加工工艺的编制过程，并掌握利用通用机床加工这些零件的基本技能。

2. 了解单分型面单腔塑料注射模的装配过程，并掌握单分型面单腔塑料注射模的基本装配方法。

3. 培养互学互帮的协作精神，养成严格遵守安全操作规程的良好习惯。

◎ 任务描述

1. 编制单分型面单腔塑料注射模（图 2-1）中各主要零件（图 2-2～图 2-14）的加工工艺方案，并将这些零件加工出来。

2. 制定图 2-1 注射模的装配工艺路线，并装配成合格的模具。

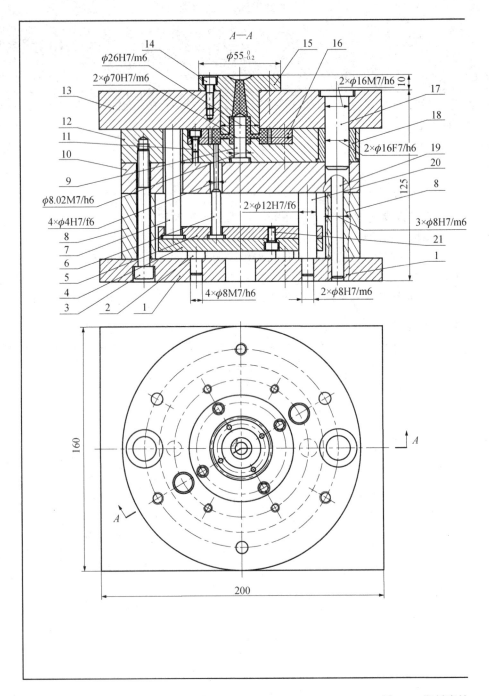

图 2-1　塑料齿轮

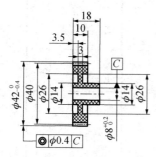

塑料齿轮材料：PC（聚碳酸酯）
生产批量：大批量
齿轮参数：模数 $m=1$
　　　　　齿数 $z=40$

技术要求

1. 动定模应分别有上吊环的螺孔，动模外套有首次注射时加热用的电热圈。
2. 模具闭合后，上、下平面的平行度误差小于0.03mm。
3. 模具闭合后，分型面的间隙和推杆与型腔孔间隙小于不溢料值 $\delta=0.06$mm。
4. 导向机构、推出机构工作时运动灵活，无卡滞现象。

序号	名称	数量	材料	标准	备注
21	螺钉	2		GB/T 70.1—2008	M5×8
20	推板导柱	2	T10A	GB/T 4169.14—2006	φ12×43
19	定位销钉	3		GB/T 119.1—2006	φ8×90
18	导套	2	T10A	GB/T 4169.3—2006	φ25×22
17	导柱	2	T10A	GB/T 4169.4—2006	φ16×50
16	齿圈	1	45		HRC48～52
15	浇口套	1	T10A		HRC55～60
14	螺钉	2		GB/T 70.1—2008	M5×16
13	定模座板	1	45		200×160×25
12	型芯固定板	1	45		φ150×22
11	螺钉	2		GB/T 70.1—2008	M4×16
10	支承板	1	45		HRC43～48
9	型芯	1	T10A		HRC48～52
8	垫圈	1	45		φ160×43
7	复位杆	2	T10A	GB/T 4169.13—2006	φ10×71.5
6	推杆	4	T10A	GB/T 4169.16—2006	φ4×62.1
5	推杆固定板	1	45		φ110×8
4	推板	1	45		HRC43～48
3	螺钉	3		GB/T 70.1—2008	M8×80
2	限位钉	4	45	GB/T 4169.9—2006	HRC40～45
1	动模座板	1	45		200×160×15
序号	名称	数量	材料	标准	备注

塑料齿轮 注射模具		比例	1：1
		重量	
设计	日期		共　张
审核	日期		第 1 张
班级	学号		

注射模具装配图

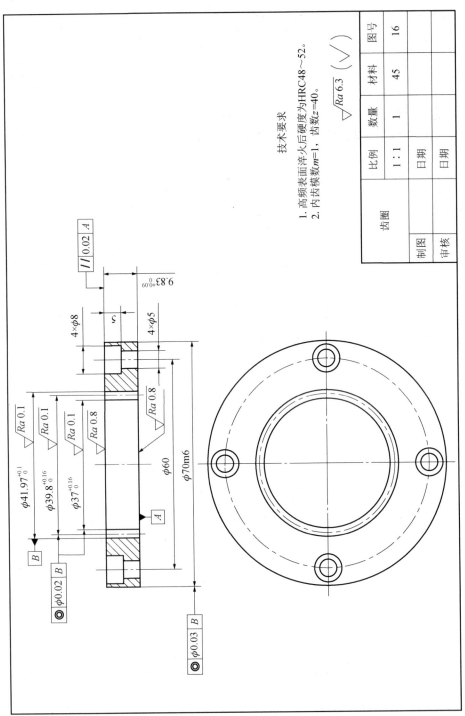

技术要求
1. 高频表面淬火后硬度为HRC48~52。
2. 内齿模数m=1，齿数z=40。

$\sqrt{Ra\,6.3}$ （$\sqrt{}$）

齿圈		比例	数量	材料	图号
		1:1	1	45	16
制图		日期			
审核		日期			

图 2-2　齿圈零件图

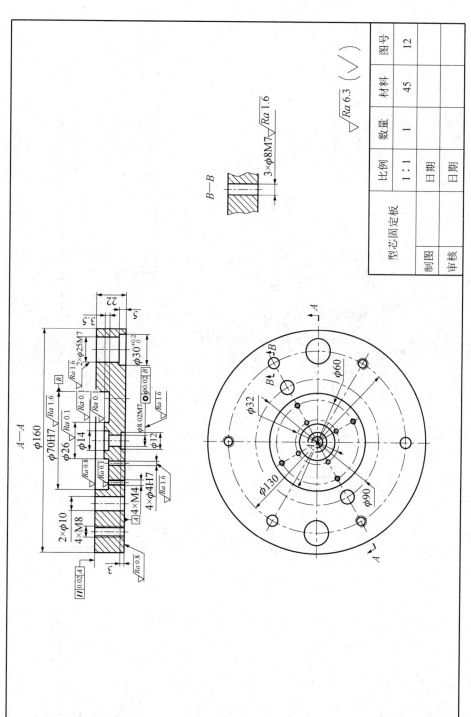

图 2-3　型芯固定板零件图

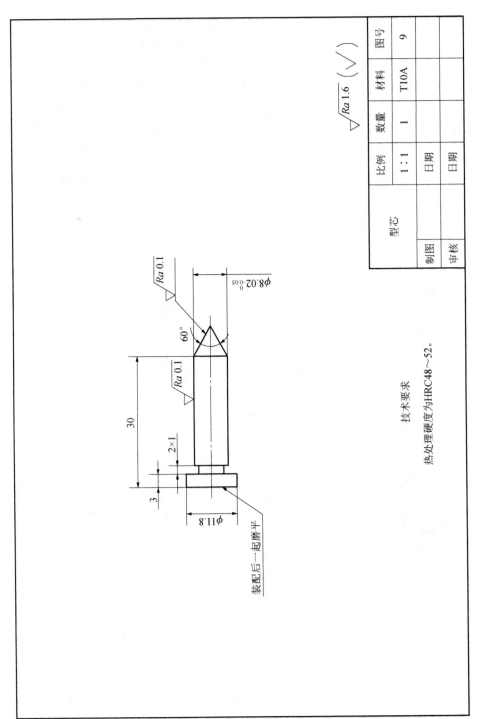

技术要求

热处理硬度为HRC48～52。

图 2-4　型芯零件图

型芯	比例	数量	材料	图号
	1∶1	1	T10A	9
制图	日期			
审核	日期			

$\sqrt{Ra\,1.6}$　（$\sqrt{\ }$）

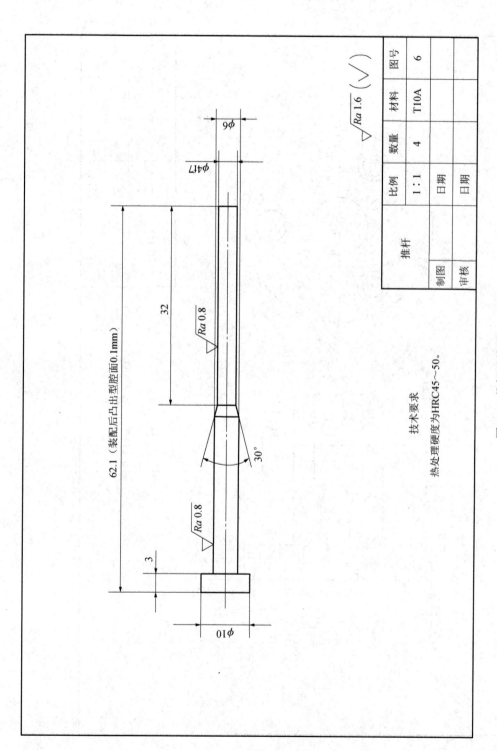

图 2-5 推杆零件图

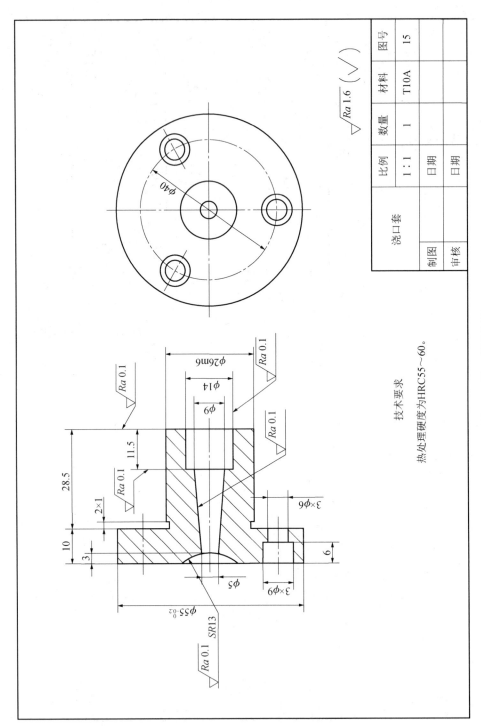

技术要求

热处理硬度为HRC55~60。

图 2-6 浇口套零件图

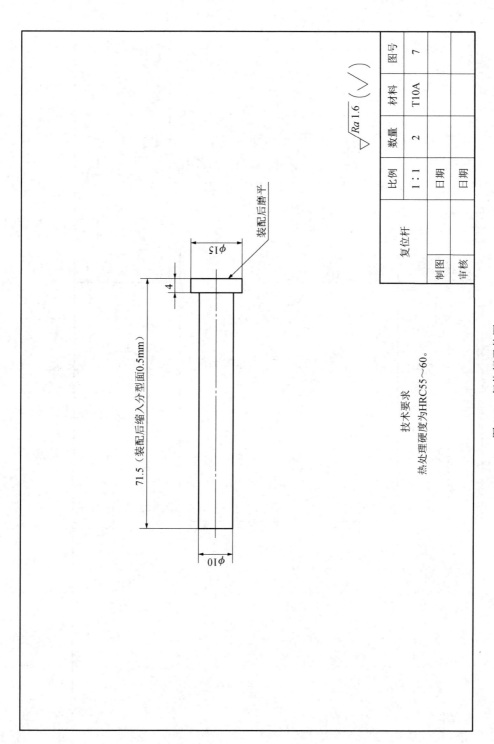

技术要求
热处理硬度为HRC55~60。

图 2-7 复位杆零件图

复位杆		比例	数量	材料	图号
		1：1	2	T10A	7
制图		日期			
审核		日期			

$\sqrt{Ra\,1.6}$ $\left(\sqrt{}\right)$

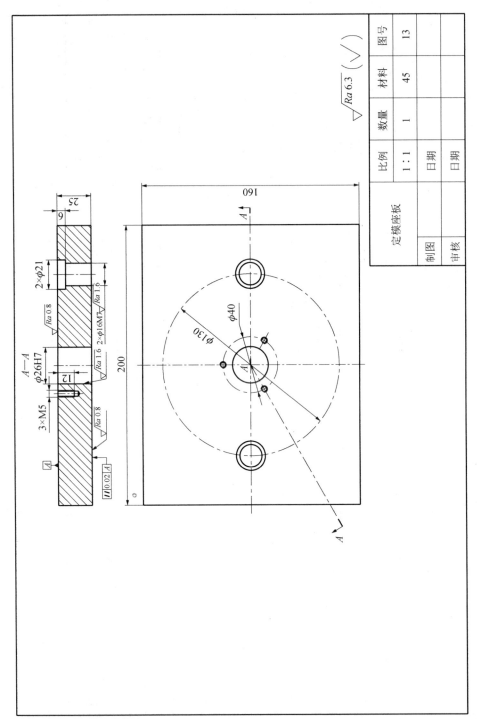

图 2-8 定模座板零件图

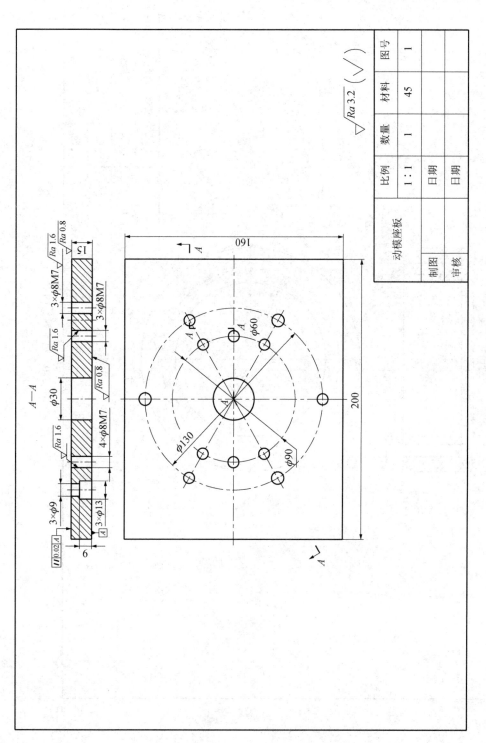

图 2-9　动模座板零件图

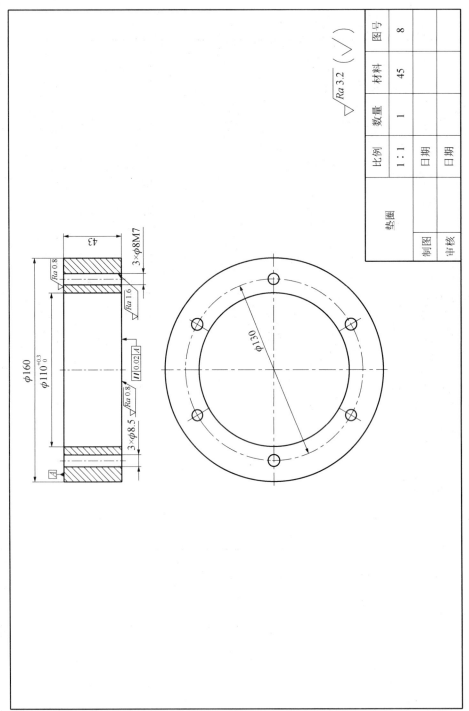

图 2-10 垫圈零件图

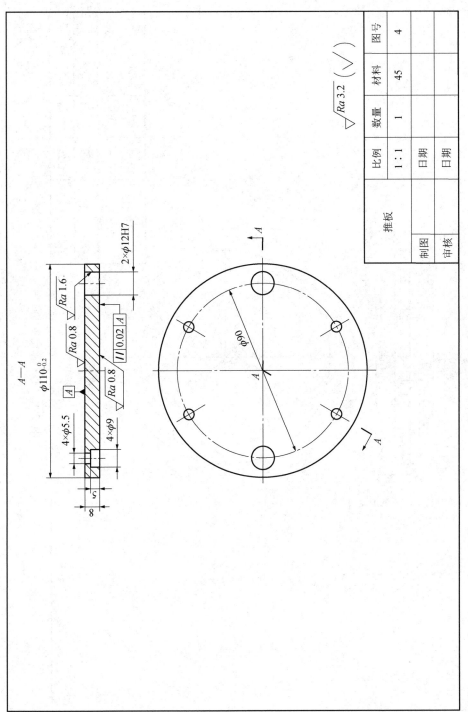

图 2-11　推板零件图

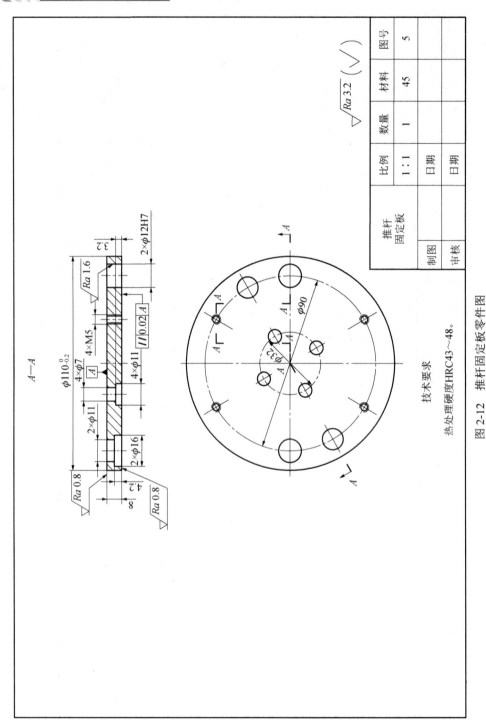

技术要求

热处理硬度HRC43～48。

图 2-12　推杆固定板零件图

推杆固定板	比例	1：1	数量	1	材料	45	图号	5
制图		日期						
审核		日期						

$\sqrt{Ra\ 3.2}\ (\sqrt{\ })$

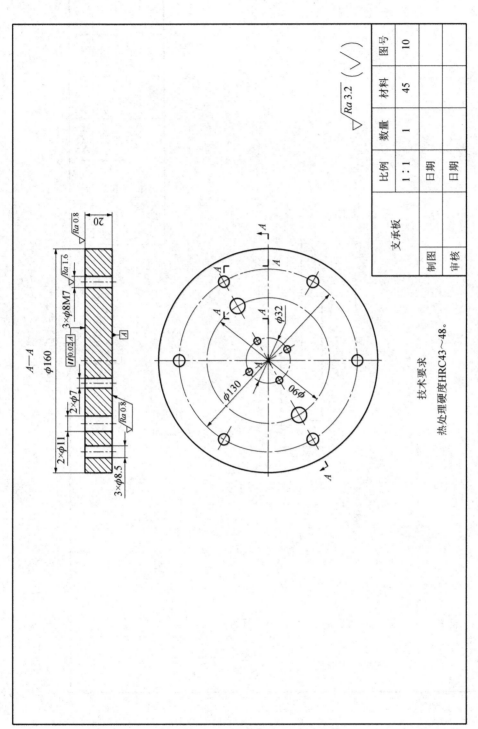

技术要求

热处理硬度HRC43～48。

图2-13　支承板零件图

支承板	比例	数量	材料	图号
	1∶1	1	45	10
制图	日期			
审核	日期			

$\sqrt{Ra\,3.2}$（$\sqrt{\ }$）

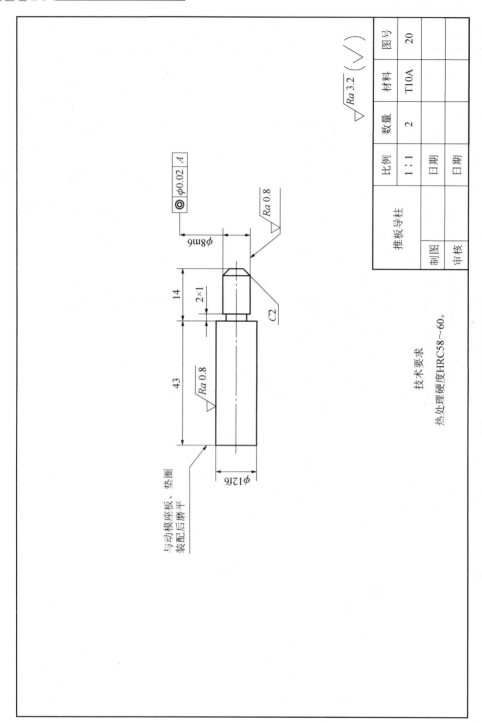

图 2-14　推板导柱零件图

任务实施

一、工艺分析

识读模具图，对模具制造进行工艺分析，制定模具主要零件加工工艺路线和装配工艺过程。

从图 2-1 右上角的塑料零件图可知，其主要技术要求是轮齿和中心孔的尺寸精度及它们的位置精度（同轴度误差≤0.4mm），也就是要求模具装配后，齿圈 16 和型芯 9 的尺寸精度和同轴度要求高。为了保证达到这两个精度要求，从图 2-1 装配图得知，必须提高齿圈 16、型芯固定板 12、型芯 9 的零件加工尺寸精度和有关面相互位置精度及装配精度。

看图 2-2 齿圈零件图得知，内齿尺寸精度要求较高。一般内齿有 3 种加工方法，即机械切削加工、电极电火花加工和数控线切割电火花加工。该齿圈硬度要求（HRC48～52）不高，可以通过高频淬火后再进行机械精切削加工来保证工件最终加工精度。齿圈的另一个重要精度要求是外圆相对内齿的同轴度误差≤ϕ0.02mm，为了达到这一精度要求，必须在一次装夹（统一基准）磨削齿圈外圆和轮齿内孔。齿圈大致加工路线如下：

备料→夹持工艺夹头，车削外圆和内齿孔→在插床或刨床用分度头夹紧工艺夹头，采用齿形刀粗加工内齿→高频淬火热处理→一次夹持工艺夹头磨削外圆和内齿孔→在插床或刨床用分度头夹紧工艺夹头，采用精齿形刀加工内齿→研磨抛光内齿。

从图 2-3 得知，型芯固定板零件是圆形板类件，可采用车削和平面磨削加工，精度要求较高的是 ϕ8.02mm 的型芯固定孔和 ϕ70H7 的齿圈固定孔，而且要求它们的同轴度误差≤ϕ0.02mm，因此要在一次夹持下车削两孔。它的加工路线大致如下：

备料→车削外圆→一次夹持外圆车削大小内孔→磨削两端面。

图 2-4 所示型芯零件是要淬硬的圆杆件，可采用车削和磨削加工。精度要求较高的是 ϕ8.02mm 外圆尺寸，可通过淬火后磨削和研磨抛光达到。它的加工路线如下：

备料→车削→淬火热处理→磨削和抛光研磨成型部分。

图 2-5 所示推杆、图 2-6 所示浇口套、图 2-7 所示复位杆和图 2-14 所示推板导柱也是要淬硬的圆形件，可采用车削和磨削加工。它们大致的加工路线如下：

备料→车削→淬火热处理→磨削配合部分和研磨抛光塑料流过部分。

其余零件都是非淬硬的圆形板类件，可采用车削和平面磨削加工。平面磨削可以保证它们两底平面平行。它们大致的加工路线如下：

备料→车削→平面磨两底面。

图 2-1 所示塑料齿轮注射模是动、定模具有统一中心的单腔模,适用于以模具主要零件(型腔和型芯)为装配基准,即先把浇口套 15 安装在定模座板 13 上,然后以工艺定位圆柱一头插入还未安装型芯 9 的型芯固定板小型腔内,另一头插入浇口套型腔内作为动、定模定位并把定模座板和型芯固定板夹紧,在两板配镗导柱和导套固定孔。

为了保证动模的推杆推出机构在推出和复位的移动平稳和灵活,应先安装好动模的 4 块板螺钉和定位销,然后安装推出机构的导向定位部分,最后安装推出和复位元件。动模推出机构安装路线如下:

在型芯固定板 12、支承板 10、垫圈 8 和动模座板 1 配作安装连接螺钉和定位销→在动模座板 1、推板 4 和推杆固定板 5 安装推板导柱 20→在推杆固定板 5 和推板 4 安装推杆 6 和复位杆 7。

 三思而后行

1. 在图 2-1 所示的模具装配图中,为了保证塑料齿轮的中心孔与轮齿齿廓的同轴度要求,在制造模具过程中,要注意保证哪两个模具零件的同轴度要求?在零件加工和装配上应采取什么措施才能保证这两个零件的同轴度要求?

2. 浇口套前端凹坑球面半径和主流道小端孔直径应比注射机喷嘴前端的球面半径和孔径稍大还是稍小?为什么?

3. 为什么推杆前端工作部分与模孔的配合要采用 H7/f6 的小间隙配合?而它的后面其余部分与模孔或固定板孔配合则要采用间隙为 0.5mm 的大间隙配合?

4. 装配后的模具在闭合时,为什么允许推杆工作前端面比模具平面高出 0.05～0.1mm,此时,是否也允许复位杆前端高出分型面稍许?为什么?是否允许复位杆低于分型面稍许?为什么?

5. 图 2-1 所示的模具是否要分别设置排气槽?为什么?

6. 在图 2-1 所示的动模和定模加工导柱、导套固定孔前,用什么定位方法才能保证定模主流道对准动模的型芯中心?

二、编写模具主要零件的机加工工艺卡

各主要零件加工工艺卡见表 2-1～表 2-7,其中工序简图中"√"所指的面是本工序的加工面,加工余量可查附表 4 得到。至于其他非主要零件,可根据图 2-1 所示装配图和明细表,通过购买或简单加工而得。

1. 齿圈（图 2-2）的加工工艺卡（表 2-1）

表 2-1 齿圈的加工工艺卡

工序号	工序名称	工序内容	设备	工序简图
1	备料	锯棒料 ϕ76mm×26mm，两端和直径都留单面车削余量3mm，留夹头长10mm	锯床	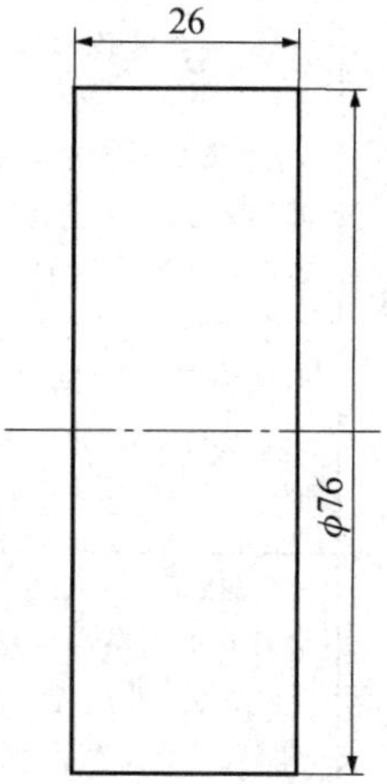
2	车削外圆及内孔	1）夹一头，车削夹头端面，车削夹头外圆至 ϕ58mm 和内孔至 ϕ50mm 2）掉头夹持夹头，车削另一端面，如右图所示，车削外圆至 ϕ70.6mm 和内孔至 ϕ36.4 mm，留单边磨削余量 0.3mm	普通卧式车床	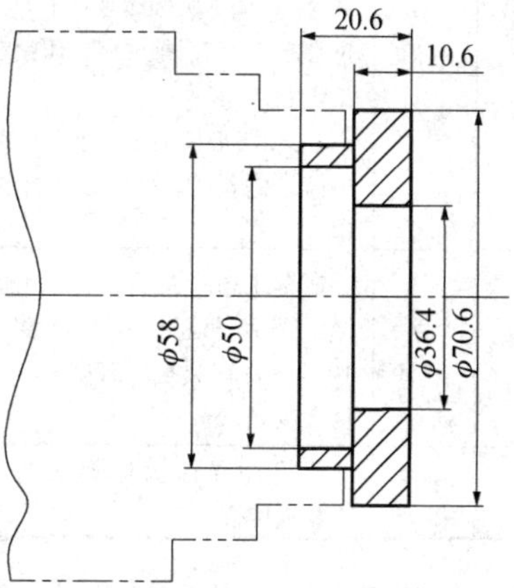
3	粗加工内齿	1）用带万能分度头的自定心卡盘夹持齿圈毛坯夹头，把分度头放在插床或刨床工作台上，接着调整分度头方向，使刀具运动方向平行于齿圈外圆轴线，刀具进给方向垂直于齿圈外圆轴线，如右图所示，然后将分度头压紧在工作台上 2）用齿形成型刀粗加工内齿，留有单面精加工余量0.1mm	插床或刨床	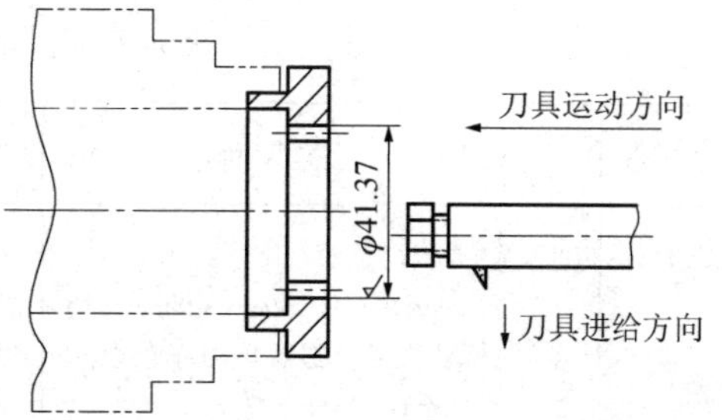

工序号	工序名称	工序内容	设备	工序简图
4	热处理	高频淬火热处理，保证硬度HRC48～52		
5	磨削内外圆	1）夹持齿圈外圆磨削夹头外圆 2）掉头夹持夹头外圆磨削齿圈外圆 $\phi70$mm，使其与动模固定板内孔配合为 H7/m6，然后磨削齿圈内孔至 $\phi37_0^{+0.16}$ mm，并保证内外圆的同轴度误差小于 $\phi0.02$mm，如右图所示	外圆磨床	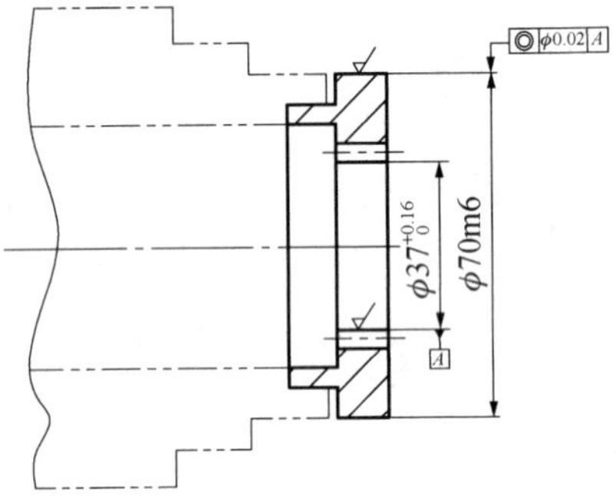
6	精加工内齿	1）按工序 3 的方法用带万能分度头的自定心卡盘夹紧齿圈毛坯夹头，并把它们放在插床或刨床工作台上精调齿圈摆向，使齿圈外圆轴线平行于刀具运动方向，齿圈外圆轴线垂直于刀具进给方向，然后把分度头压紧在工作台上 2）用齿形精加工成型刀研磨内齿达到尺寸，并用齿形样板检查	插床或刨床	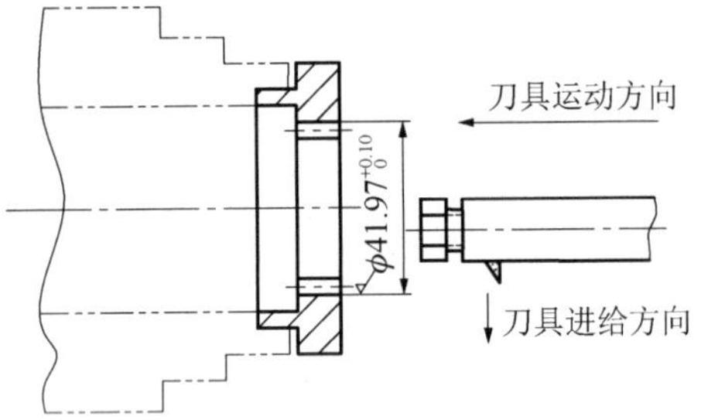
7	磨平面	在车床切除夹头后，磨齿圈上、下两平面，使其厚度达10.1mm，留装配后磨削上平面的余量0.3mm	平面磨床	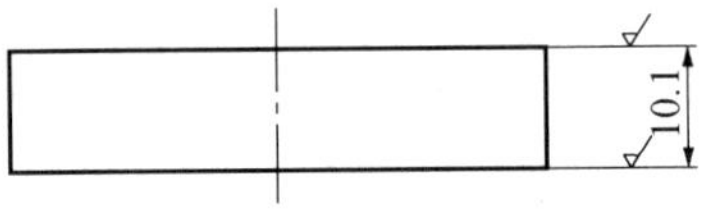
8	研磨抛光	研磨抛光内齿达要求的表面粗糙度值		

2. 型芯固定板（图 2-3）的加工工艺卡（表 2-2）

表 2-2　型芯固定板的加工工艺卡

工序号	工序名称	工序内容	设备	工序简图
1	备料	锯棒料 $\phi166$mm×28mm，两端和直径都留单面车削余量3mm	普通卧式车床	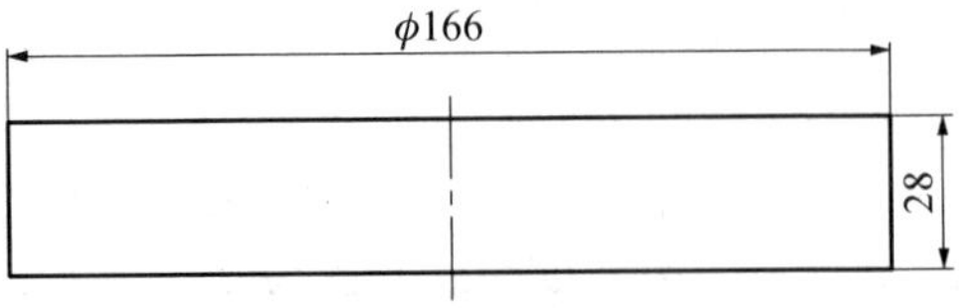

工序号	工序名称	工序内容	设备	工序简图
2	车削	1）夹一头，车下端面和外圆至尺寸 ϕ 160mm 2）夹持下端已车削的外圆，车削上端面及外圆 ϕ 160mm，高度22.6mm，留单面平面磨削余量0.3mm。车削孔 ϕ 70H7 和 ϕ 14mm、ϕ 8.02M7 内孔及凸台 ϕ 26mm，并保证 ϕ 70H7 与 ϕ 8.02mm 的同轴度 3）研磨抛光右图所示的表面	普通卧式车床	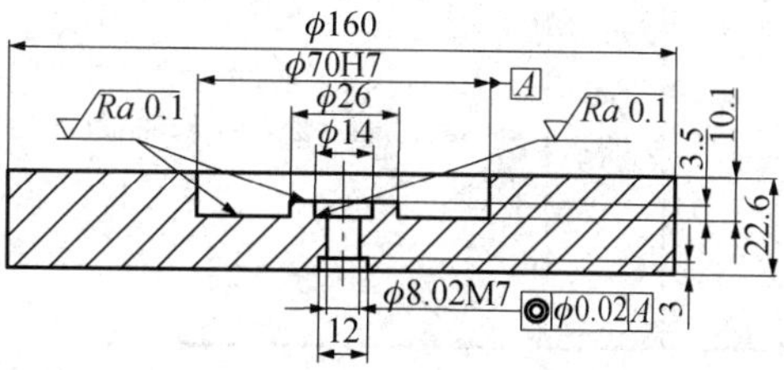
3	磨平面	磨上、下两端面，使高度为22.3mm，留装配后磨削单面余量0.3mm	平面磨床	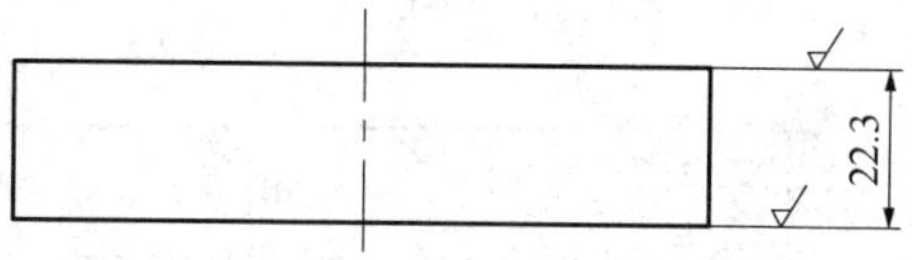

3. 型芯（图2-4）的加工工艺卡（表2-3）

表2-3 型芯的加工工艺卡

工序号	工序名称	工序内容	设备	工序简图
1	备料	锯棒料 ϕ 17mm×50mm，长度和径向都留单面车削余量2.5mm，夹头端留10mm	普通卧式车床	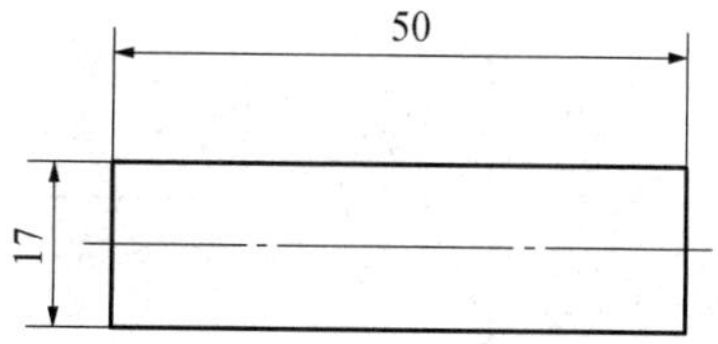
2	车削	1）夹棒料一头，车削夹头端至 ϕ 11.8mm，车端面 2）掉头夹持夹头，车削外圆至 ϕ 8.3mm，留单面磨削余量0.15mm，车退刀槽 2mm×1mm，在夹头和型芯之间车槽3mm× ϕ 4mm，如右图所示	普通卧式车床	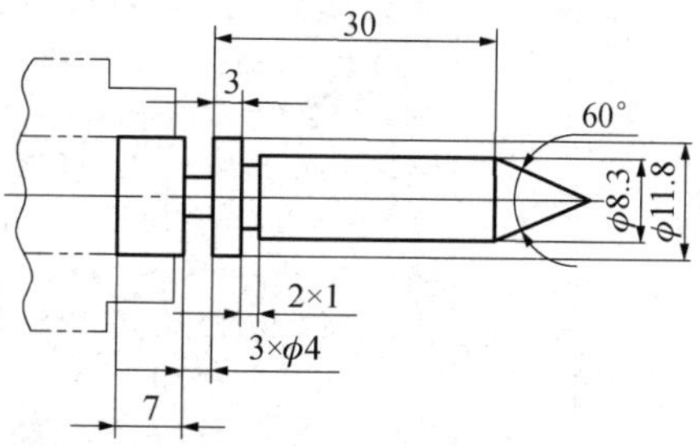
3	热处理	淬火，回火，硬度达 HRC48～52		

工序号	工序名称	工序内容	设备	工序简图
4	磨削外圆	夹持夹头，磨削并研磨抛光型芯至 $\phi 8.02_{-0.05}^{0}$ mm，磨削并研磨抛光 60° 圆锥	外圆磨床	

4. 浇口套（图2-6）的加工工艺卡（表2-4）

表2-4　浇口套的加工工艺卡

工序号	工序名称	工序内容	设备	工序简图
1	备料	锯棒料 ϕ 61mm×44mm，长度和径向留单面车削余量 3mm	普通卧式车床	
2	车削	1）夹持一头，车削外圆至尺寸 ϕ 55.6mm，车平一端面，留单面磨削余量 0.3mm 2）掉头夹持已车削的外圆，车削另一端面，使总长为 38.8mm，车外圆至尺寸 ϕ 26.6mm×28.8mm，轴向和径向留单面磨削余量 0.3mm，车退刀槽 2mm×1mm，车内孔至尺寸 ϕ 14mm×11.5mm，车出主流道 3）夹持小外圆柱，车球面凹坑	普通卧式车床	

工序号	工序名称	工序内容	设备	工序简图
3	钳工钻孔	划出 3 个 M5 螺钉通孔中心位置,并钻 3 个通孔 ϕ 5.5mm,然后扩沉孔 ϕ 9mm×6mm	钻床	
4	热处理	淬火,回火,硬度达 HRC55～60		
5	磨削	1)夹持小外圆,磨大外圆至尺寸 $\phi 55_{-0.2}^{0}$ mm 2)掉头夹持大外圆,磨小外圆至尺寸 ϕ 26m6,使它与定模座板孔配合为 H7/m6 3)磨两端面,使小外圆长尺寸为 28.5mm	工具磨床	
6	研磨抛光	研磨抛光球面凹坑,主流道和 ϕ 14mm 内孔及端面达要求的表面粗糙度值		

5. 定模座板(图 2-8)的加工工艺卡(表 2-5)

表 2-5　定模座板的加工工艺卡

工序号	工序名称	工序内容	设备	工序简图
1	备料	切割或锻打毛坯尺寸至 206mm×166mm×31mm,留单面刨削余量 3mm		

工序号	工序名称	工序内容	设备	工序简图
2	刨削	刨削长方体 200mm×160mm×25.8mm，留上、下底单面磨削余量 0.4mm	刨床	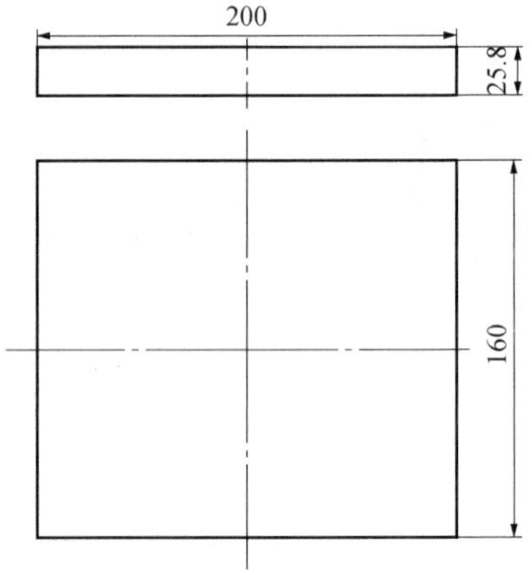
3	车孔	车削浇口套安装中心孔 ϕ26H7mm	普通卧式车床	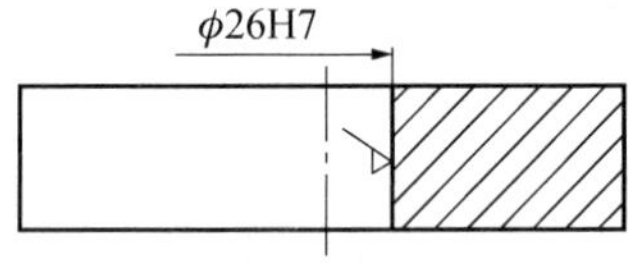
4	磨平面	磨削上、下平面至尺寸 25mm	平面磨床	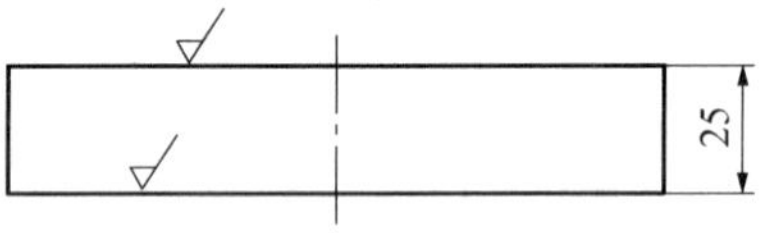

6. 动模座板（图 2-9）的加工工艺卡（表 2-6）

表 2-6 动模座板的加工工艺卡

工序号	工序名称	工序内容	设备	工序简图
1	备料	切割或锻打毛坯尺寸至 206mm×166mm×21mm，留单面刨削余量 3mm		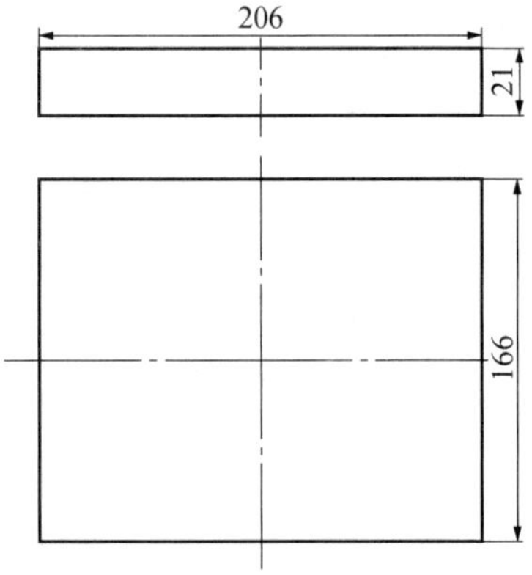

续表

工序号	工序名称	工序内容	设备	工序简图
2	刨削	刨削长方体 200mm×160mm×15.8mm，留上、下平面单面磨削余量 0.4mm	刨床	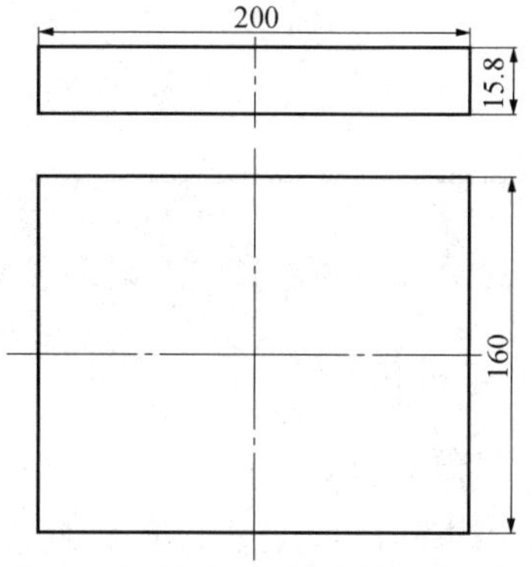
3	磨平面	磨削上、下平面至尺寸 15mm	平面磨床	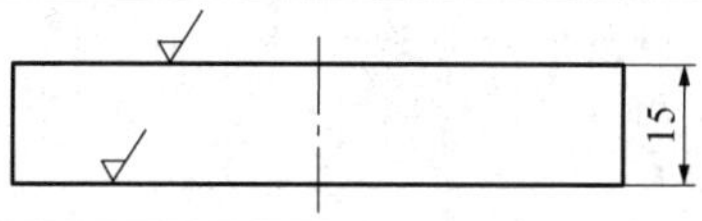

7. 垫圈（图 2-10）的加工工艺卡（表 2-7）

表 2-7　垫圈的加工工艺卡

工序号	工序名称	工序内容	设备	工序简图
1	备料	锻坯料外圆 ϕ 166mm×49mm，内孔 ϕ 104mm，长度方向和径向都留单面车削余量 3mm		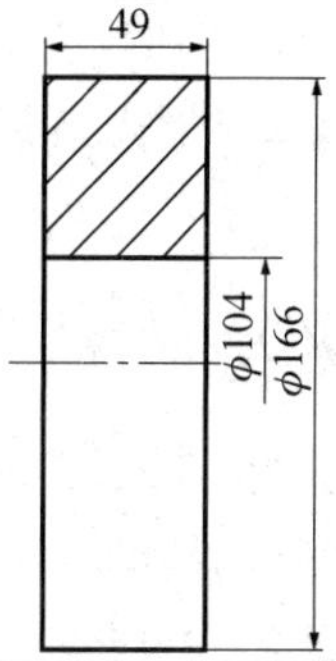
2	车削	1）夹一头，车端面和外圆 ϕ 160mm 2）掉头夹另一头已车的外圆。车另一端面和外圆至尺寸 ϕ 160mm×43.6mm，车内孔至尺寸 ϕ 110mm，两端面分别留有单面磨削余量 0.3mm	普通卧式车床	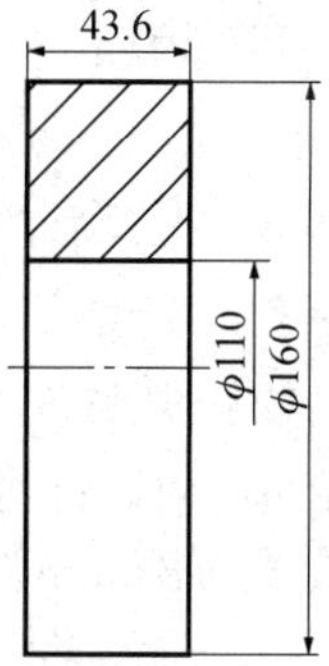

续表

工序号	工序名称	工序内容	设备	工序简图
3	磨平面	磨削上、下两端面	平面磨床	43

三、单分型面单腔塑料注射模装配

1. 定模装配

步骤1　把浇口套 15 压入定模座板 13 的中心孔内，用平行夹具把两者夹紧，如图 2-15 所示，通过浇口套已加工的 3 个通孔在动模座板上引钻 3 个锥窝。

拆开后，在定模座板上锥窝处钻、攻 3 个 M5 螺孔。

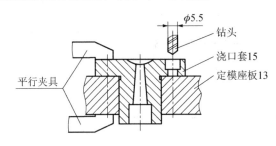

图 2-15　通过浇口套 3 个通螺孔引钻锥窝

步骤2　把浇口套压入定模座板的中心孔内，然后用 3 个 M5 螺钉将浇口套固定在定模座板上。

2. 动模装配

步骤1　在动模座板 1 的下底平面划出各孔螺钉和定位销的中心位置，在动模座板 1 上底面划出垫圈外圆轮廓线和 4 个 ϕ8mm 的限位钉固定孔的中心位置。

步骤2　把垫圈 8、支承板 10、型芯固定板 12 按顺序放置在动模座板 1 上，并按划出的外圆轮廓线找正后，用平行夹具把它们夹紧，倒放后配钻 3 个螺纹底孔 ϕ6.8mm，如图 2-16 所示。

步骤3　拆开后，在型芯固定板上攻 3 个 M8 螺孔，在其余 3 板上扩 3 个 ϕ8.5mm 的螺钉通孔，在动模座板下底面上扩 3 个 ϕ13.5mm 深 8.5mm 沉头孔。并按已划出中心位置在动模座板上钻、铰 4 个 ϕ8M7 限位钉固定孔和钻出中心顶出孔 ϕ20mm。

步骤4　用螺钉将型芯固定板 12、支承板 10、垫圈 8 和动模座板 1 连接紧，接着配钻、铰 3 个 ϕ8mm 销孔。

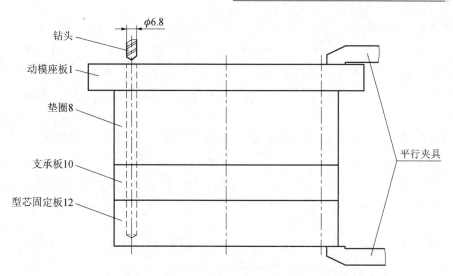

图 2-16　用平行夹具把动模 4 板夹紧后配钻螺纹底孔

步骤 5　将推杆固定板 5 和推板 4 的四边对齐并用平行夹具夹紧，配钻 4 个螺纹底孔 ϕ4.2mm。拆开后，在推杆固定板 5 攻 4 个 M5 螺孔，在推板 4 扩 4 个 ϕ5.5mm 通螺孔和沉孔 ϕ8.5mm 深 5mm，然后用螺钉将两板四周对齐后连接。

步骤 6　把限位钉 2 压入动模座板 1 的孔内，并在平面磨床将 4 个限位钉上端面一起磨平。

步骤 7　把垫圈 8 放在动模座板 1 的上平面，压入定位销定位后，用螺钉和螺母将垫圈压紧在动模座板上。将推杆固定板 5 和推板 4 的连接件 5-4 放进垫圈孔内。调整其在垫圈孔内四周间隙均匀后，通过垫块和平行夹具将连接件 5-4 压紧在动模座板的限位钉上端面上，如图 2-17 所示，然后先后配钻、铰两个 ϕ8mm 推板导柱固定孔和两个 ϕ12mm 的导向孔。

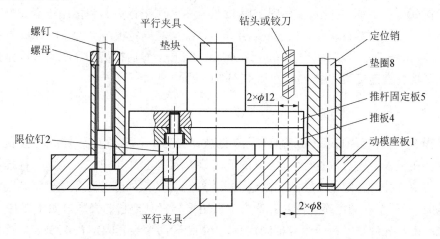

图 2-17　配钻、铰推出机构的导柱固定孔和导向孔

步骤8 在动模座板 1 压入推板导柱 20,再将垫圈 8 放置在动模座板 1 上,用平面磨床把导柱上端面与垫圈上平面一起磨平。然后在垫圈孔内放入可调垫块,通过推板导柱导向放置推杆固定板与推板的组合件 5-4,调整垫块高度,使推杆固定板上平面稍低于垫圈上平面后,再在垫圈上放上支承板 10 和型芯固定板 12,并用螺钉和定位销将它们连接紧,如图 2-18 所示,然后分别用钻头在型芯固定板和支承板上钻出 4 个通推杆孔 $\phi 4$mm 和两个通复位杆孔 $\phi 11$mm,并在推杆固定板钻出它们的中心锥窝。

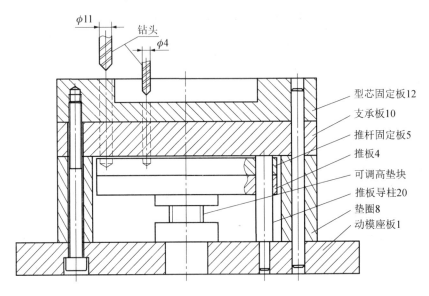

图 2-18 在动模配钻推杆和复位杆的通孔

步骤9 拆开后,在支承板扩 4 个通推杆孔 $\phi 6.5$mm,在推杆固定板钻 4 个推杆固定孔 $\phi 6.5$mm 和两个复位固定孔 $\phi 11$mm,然后在固定板底扩沉孔。

步骤10 把齿圈 16 压入型芯固定板 12 的孔内并用平行夹具将齿圈压紧在型芯固定板上,接着钻 4 个螺钉底孔 $\phi 3.2$mm。拆开后,在型芯固定板攻 4 个 M4 螺孔,在齿圈扩 4 个 $\phi 4.5$mm 通螺孔及 4 个 $\phi 7$mm 深 4.5mm 沉孔。然后把齿圈压入型芯固定板孔内并用螺钉将它们连接紧,用平面磨床将它们上端面一起磨平。

3. 加工导柱、导套的固定孔

步骤1 将装有浇口套的定模座板 13 倒放,在其中心孔插入 $\phi 14$mm×21.5mm 的定位圆柱,在座板上先后放置厚约 4mm 的等高垫板和型芯固定板 12,使定位柱插入型芯固定板的中心孔进行定位(注意:在定位柱上端留有一定间隙,避免顶着型芯固定板中心孔端面),调整到动定模座板对齐的方位后用平行夹具把它们夹紧,如图 2-19 所示。在立铣床上,先后钻、镗两个导柱固定孔 $\phi 16$M7 和两个导套固定孔 $\phi 25$M7,接着用钻头扩大导套固定的沉孔,拆开后在定模座板上钻、扩导柱固定沉孔。

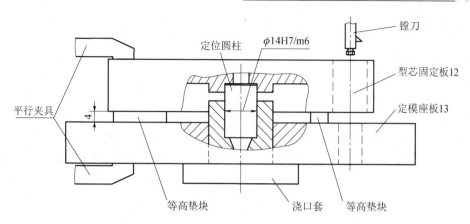

图 2-19　用定位圆柱定位后，在型芯固定板和定模座板配镗导套、导柱的固定孔

步骤 2　在定模座板压入两导柱，定模装配完成。

4. 调整推杆和复位杆的前端面相对于型腔平面和分型面的高度

步骤 1　把型芯 9 压入型芯固定板 12 的中心孔内，在两导套孔内压入导套。用平面磨床把它们底面一起磨平。

步骤 2　把推杆固定板 5 倒放并在它的孔内插入所有复位杆 7 和推杆 6，接着用平面磨床把固定板下底面与所有杆的下端面磨平。然后盖放推板 4，通过两推板导柱 20 定位后，用螺钉将推杆固定板和推板连接成装有推杆和复位杆的推杆固定板—推板组合件 5-4。

步骤 3　在动模座板 1 孔内压入 2 支推板导柱 20 和 4 支限位钉 2，再放上垫圈 8，通过推板导柱导向，在垫圈中心大孔内放入推杆固定板—推板组合件 5-4，再在垫圈上放上支承板 10 和型芯固定板 12，此时复位杆和推杆分别插入两板的通杆孔内。接着测量各杆的前端面相对型腔面或分型面的高度并计算出应磨去的高度余量，然后根据这个余量去修磨杆的前端面，使推杆前端面比型腔面高出 0.05～0.1mm，而使复位杆前端面比型芯固定板的上平面低 0.05～0.1mm。

步骤 4　用螺钉和定位销把上述的动模 4 块板连接紧，动模装配完成。

5. 试模

将已安装好的单分型面单腔齿轮注射模安装在注射机上，然后将从附表 7 查出注射所需的压力、时间、温度等有关参数输入注射机，并试制出塑料件。试制时要注意，由于试注射前模具的温度较低，且所用聚碳酸酯塑料熔体流动性极差，注射时难以充满型腔，所以注制前应用电热圈对模具进行预热，增强注射时塑料的流动性。待进行多次注制，余热使模具温度提高后才停止加热。最后检查试制件是否达到图 2-1 右上角的塑料件的精度和技术要求。

在试模时，如果出现某些缺陷或故障，可根据观察到的缺陷或故障现象在附表 8 中查出其产生的原因和修改方法，然后进行整改。

做后再思量

1. 采用电火花加工齿圈内齿时，为了保证齿圈外圆柱面与内轮齿的同轴度，常采用齿轮电极按图 2-20 在齿圈毛坯中心孔定位后进行加工。那么，齿轮电极大小圆柱 d_1 和 d_2、齿圈外圆柱 D_1 和中心孔 D_2 之间的相对位置精度有什么要求？齿轮小圆柱 d_2 与齿圈毛坯孔 D_2 的配合取小间隙配合、大间隙配合还是过渡配合？是取基轴制还是基孔制？

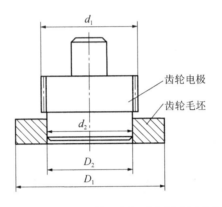

图 2-20　电火花加工齿圈前，电极以齿圈毛坯中心孔定位

2. 在图 2-18 配钻通杆孔时，支承板 10 和推杆固定板 5 之间；在图 2-19 配镗导柱，导套的固定孔时，型芯固定板 12 和定模座板 13 之间，哪个一定要留有较大间隙？哪个不用留有较大间隙，甚至不用留间隙？为什么？（提示：在两板一起镗两级大小不同的孔时，必须在两级孔之间留有容纳刀具前端的空间——退刀槽。）

3. 在图 2-19 中，为什么定位圆柱上端面与型芯固定板 12 的 $\phi26$mm 孔的端面要留有少量间隙？（提示：在加工动、定模的导柱和导套的固定孔时，要保证动、定模分型面全面接触。）型芯固定板中除了 $\phi26$mm 可作定位用，还有另外孔可作定位孔吗？（提示：可采用型芯固定孔和浇口套的内孔。）此种定位方式与图 2-19 中那一种相对比，哪一个定位更稳定可靠？（提示：看哪一个定位圆孔面较大、较长。）后一种的定位圆柱要制成什么形状和有什么技术要求？

4. 下面是装配图 2-1 模具的动模时加工装配孔的 3 个工序，请用序号把它们按先后顺序排列成两个合理装配方案和一个不合理方案，并指出不合理方案错在什么地方。

1）在型芯固定板 12、支承板 10、推杆固定板 5 配钻推杆和复位杆通孔。

2）在型芯固定板 12、支承板 10、垫圈 8、动模座板 1 配钻、攻螺孔，然后配、铰定位销孔。

3）在推杆固定板 5、推板 4、动模座板 1 加工推板导柱的导向孔和固定孔。

（提示：在配钻通杆孔装配推杆或复位杆元件之前，必须先固定动模各板与推杆固定板、推板相对位置。）

5．在试模时，如果顶出的塑件变形太大，或在塑件留下顶出的凹痕太明显时，在不改变结构的情况下，提出改正方案。（提示：增大顶出面积。）

6．在压制塑料齿轮的过程中，经常会遇到残缺塑料的废料黏附在齿圈上的情况，这时必须把齿圈从模具中拆出来清除这些塑料废料。图 2-1 固定齿圈方式就是为了方便经常拆装齿圈而设计的，它是用螺钉把齿圈从分型面处压紧在型芯固定板 12 上，这样不用把动模从注射机上卸下，就可以进行装拆齿圈。但这种固定齿圈的结构也有弊端，就是当注射力过大而合模不足时，动模和定模就会从分型面处撑开，塑料熔体就会射入齿圈的螺孔沉孔中，并把螺头内六角孔封死。这样给拆出齿圈带来很大困难，能否想出一个固定齿圈的方式来？它既能避免固定螺头露出分型面，又方便经常装拆？画出简单结构图。（提示：用压边圈压住齿圈大边缘。）

考核评价

完成制造任务后，请按表 2-8 进行考核评价，总评价结果可分为 5 个等级，即优、良、中、合格、不合格。

表 2-8　制造单分型面单腔塑料注射模的评价表

评价项目	评价内容标准	配分	评价结果		
			自评	组评	教师评
零件加工和模具装配方案的合理性	1）制定的机加工和模具装配方案合理，能保证模具质量，并能结合实习车间的设备实际	20			
	2）制定的工艺方案具有良好经济效益和可操作性	5			
	3）制定的工艺方案条理清楚，工序尺寸标注完整、合理	5			
模具制造质量（通过检测该模具注制出的塑件得出）	1）注制出的塑件齿轮与内孔的同轴度误差≤0.4mm 且内外形尺寸在图样允许的尺寸范围才得此分	20			
	2）注制出的塑件无明显溢料飞边和强行推出擦伤痕迹才得此分	10			
	3）注制出的塑件表面粗糙度值≤Ra 0.4μm 才得此分	10			
完成制造任务的速度和工作态度	1）按时完成机加工和装配任务	10			
	2）操作机床加工和装配的熟练程度	10			
	3）能与同学交流加工方法和装配经验，协作精神好	5			
	4）遵守车间安全操作规程	5			
综合评价	评语（优缺点与改进措施）：	合计			
		总评成绩（等级）			

知识链接

一、塑料外齿轮模具的齿圈内齿的加工方法

影响塑料外齿轮传动质量的因素有两个，一个是齿轮的几何精度和所有齿的均匀程度，另一个是齿轮与轴孔的同轴度。为了保证达到前个传动质量要求，必须提高模具中齿圈内齿的加工精度。由于很少有专门加工内齿的机床，所以一般采用下面 3 种特殊方法加工齿圈内齿。

方法 1 用分度头夹具把工件夹持来分度，在刨床（或插床）用齿的成型刀对内齿逐个切削加工，加工过程如下：

车齿圈毛坯→采用一次夹紧定位磨内外圆，使内孔直径等于内齿顶圆直径→用分度头夹紧齿圈外圆，将分度头放置在刨床（插床）工作台上，调整刀具运动方向平行于毛坯轴线，然后把分度头压紧在工作台上→利用分度头分度，用齿的成型刀逐个切削齿圈内齿。

此加工方法的优点是不需要专门设备。但其加工精度低，而且内齿在切削加工后，再经淬火热处理，就会引起变形，这样产生的误差就难以清除。所以一般加工后不进行淬火热处理而直接使用，故其使用寿命较短。

方法 2 电火花加工齿圈内齿。加工内齿的电极为外齿轮，可用精密滚齿机加工。将外齿轮电极安装在电火花机上，使下端小圆柱插入齿圈毛坯孔内，进行电火花加工内齿，如图 2-21 所示。加工工艺过程如图 2-22 所示。

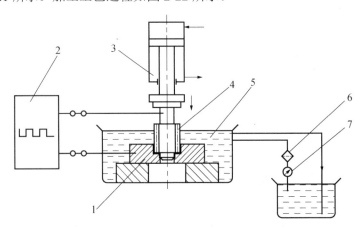

图 2-21　电火花加工齿圈内齿的原理

1—齿圈工件；2—脉冲电源；3—自动进给调节装置（液压缸）；4—齿轮电极；5—工作液；6—过滤器；7—泵

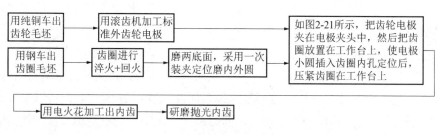

图 2-22　加工工艺过程

采用电火花加工型腔的方法已被广泛应用于塑料模具制造业中。它与一般切削加工相比具有以下优点。

1）电火花可对复杂的内形进行加工。

2）电火花加工把要直接对淬火钢等高硬度件加工转化为先把易切削的紫铜、石墨加工出电极，再用电极加工出高硬件。对于要求一定硬度的型腔和型芯加工，一般经切削加工后要再火热处理，淬火热处理引起零件变形而大大降低其加工精度。而应用电火花加工时，则先把工件进行淬火热处理后再进行电火花加工，这样就可以避免淬火热处理的变形影响到工件最终加工精度。

3）由于电火花加工时，电极与工件不互相接触，两者之间的相互作用力比切削力小很多，因此电极与工件的相对位移极小，致使加工精度高。电火花可以加工具有很小的孔、窄缝等的复杂件，而不受电极和工件刚度的影响。

方法 3　利用数控电火花线切割齿圈内齿。数控电火花线切割齿圈的工艺过程如下：

车出齿圈毛坯→在毛坯钻出穿丝孔→毛坯淬火热处理→磨两底面→用数控电火花线切割机床加工内齿→研磨抛光内齿。

这种加工方法除了具有电极电火花加工的加工精度高和避免热处理变形影响到工件最终的加工精度的优点外，还可以节省电极机加工成本。

二、在模具中保证塑料齿轮的轮齿与轴孔的同轴度的方法

从图 2-1 中可看到，齿圈 16 的齿形腔和型芯 9 分别成型塑料齿轮轮齿和轴孔，所以要保证塑料齿轮的齿与轴孔的同轴度，就必须保证模具中的齿型腔与型芯的同轴度。要做到这一点，首先要求保证齿圈 16 的齿型腔与 $\phi 70mm$ 外圆的同轴度和型芯固定板 12 的型芯固定孔与 $\phi 70mm$ 孔的同轴度，然后通过齿圈 $\phi 70mm$ 外圆与型芯固定板的 $\phi 70mm$ 孔的过渡配合和型芯 9 与型芯固定板 12 的孔的过渡配合来间接保证齿型腔与型芯的同轴度。也就是说，在加工齿圈和型芯固定板时，要采取工艺方法来保证同一零件的两个相关圆柱面的同轴度。下面介绍两种方法。

方法1 采用统一定位基准原则加工多个有同轴度要求的圆柱面。即在一次装夹定位中加工零件多个表面，这样既可避免因定位基准变换而引起定位误差，从而保证各个被加工面相对位置精度，又有利于提高生产率。

1）对于有可作公共夹紧定位面的零件，如图 2-3 所示的型芯固定板，可以夹紧它 ϕ160mm 的外圆，同时磨削 ϕ70mm 和 ϕ8.02mm 的大小两孔来保证大小两孔的同轴度。

2）对于没有可作公共夹紧定位面的零件，如图 2-2 所示的齿圈，可以车削时留有一个长 10mm 的工艺夹头作为夹紧定位，同时磨削（车削）大小两圆孔，待将齿圈全部加工完成后，再用锤子将夹头敲去并磨平齿圈底面，如图 2-23 所示。

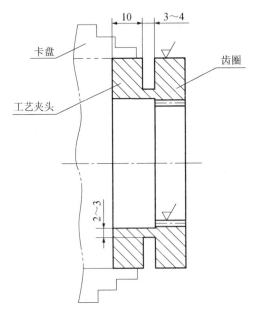

图 2-23　用卡盘夹紧工艺夹头定位的同时加工外圆和内孔来保证它们的同轴度

方法2 采用互为定位基准原则加工两个有同轴度要求的圆柱面。

图 2-2 所示齿圈，也可以通过采用互为定位基准原则来先后加工齿圈外圆和齿腔内孔，以达到其两表面的同轴度要求，如图 2-24（a）所示，先以芯轴插入齿圈内孔作为定位基准，进行磨削 ϕ70H7 外圆。然后如图 2-24（b）所示，用自定心卡盘夹紧 ϕ70mm 外圆作为定位基准，进行磨削齿圈内孔，使前后两次加工圆柱面达到较高同轴度要求。但由于受到芯轴与定位孔的间隙和定位基准转换误差的影响，互为定位基准加工的同轴精度远比统一定位基准加工的同轴度精度要低。

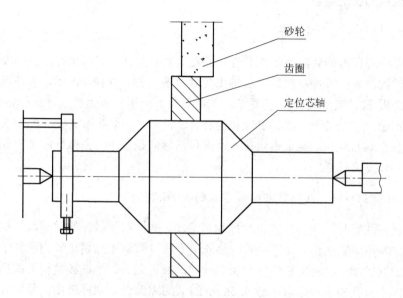

（a）用芯轴定位后磨外圆

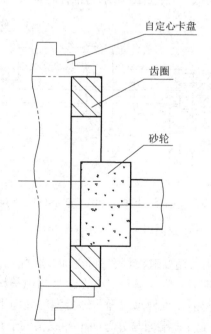

（b）用自定心卡盘夹紧外圆定位磨内孔

图 2-24 采用互为定位基准方法先后磨外圆和内圆来保证它们的同轴度

三、推杆机构的装配要点

1. 推出机构装配先后顺序

为了保证推出机构装配后推出和复位移动平稳、灵活，应该先在动模中安装定位连接和推出机构的导向零件，然后安装推出和复位的元件。在图 2-1 中，应在动模 4 板，即型芯固定板 12、支承板 10、垫圈 8、定模座板 1 配作安装螺钉 3 和定位销钉 19，保证 4 板相对位置不会改变。然后在动模座板 1、推板 4、推杆固定板 5 配作安装推板导柱 20。最后在螺钉连接、定位销定位、推板导柱导向条件下，在推杆固定板和推板配作安装推杆 6 和复位杆 7。

2. 推杆、拉料杆、复位杆与动模各板的孔的配合

为了保证注射时不漏料和推出时能相对滑动，推杆和拉料杆的前端与模板孔之间取 H7/f6～H8/f8 小间隙配合，其单边间隙要求小于该种塑料不溢料值。为了便于各杆自由调整与孔的同轴度，以减少它们之间相对移动的摩擦阻力，推杆和拉料板的后面部分与模板孔和固定板孔的配合则取单边 0.5mm 的大间隙配合。同样理由，复位杆与模板孔也取单边 0.5mm 大间隙配合，如图 2-25 所示为推杆与模板孔和固定杆孔的配合情况。

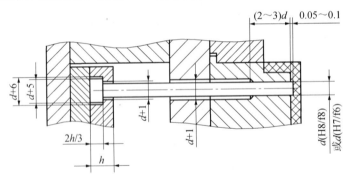

图 2-25   推杆与模板孔和固定杆孔的配合情况

3. 修整推杆和复位杆的顶端面

在推杆推出机构装配后，还要对推杆和复位杆的顶端面的高度进行修整。由于推杆的顶端面是型腔底面的一部分，为了避免塑件在该处出现塑料凸台而影响美观和装配，因此要求推出机构完全复位后，推杆顶端面与该处型腔底面平齐或高出 0.05～0.1mm，如图 2-25 所示。而要求复位杆顶端面与分型面平齐或稍低于 0.05～0.1mm。后者是为了避免复位杆凸出分型面而阻碍动、定模板完全闭合。

在加工推杆和复位杆时，要在长度留有小量修磨余量，装配后，逐个测量每杆相对于型腔底面或分型面的高度，计算出要修磨去的余量。然后取出各杆，用自定心卡盘或装有螺钉压紧的 V 形夹具夹持，在平面磨床磨去所计算出的余量，使每杆顶端面高度达到上述要求。

3
项目

制造双分型面、斜导柱侧向
抽芯塑料注射模 >>>>>

◎ 学习目标

1. 了解非圆形件塑料模成型零件的加工工艺过程，掌握加工中等复杂程度非圆形件塑料模成型零件加工的基本方法。

2. 了解塑料注射模的双分型面、推件板推出机构主要零件的加工过程和装配过程，掌握双分型面、推件板机构零件的加工和装配基本方法。

3. 了解塑料注射模的斜导柱侧向抽芯机构主要零件的加工工艺过程和装配过程，掌握斜导柱侧向抽芯机构零件的加工和装配基本方法。

◎ 任务描述

1. 制定双分型面、斜导柱侧向抽芯塑料注射模（图 3-1）中各主要零件（图 3-2 ~ 图 3-12）的加工工艺方案，并将这些零件加工出来。

2. 制定图 3-1 模具总装图的装配工艺路线，并装配成合格的模具。

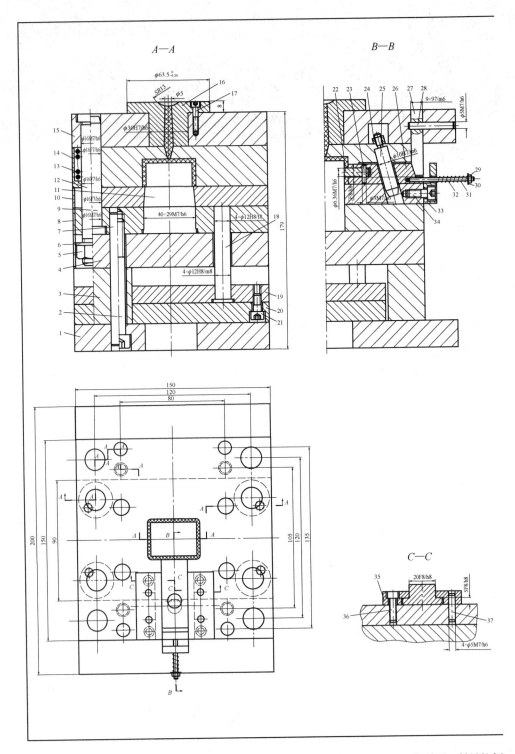

图 3-1　双分型面、斜导柱侧

塑件要求:

1. 生产规模: 大批量。

2. 材料: 高压聚乙烯。

3. 技术要求: 全部过渡圆角 $R_2 \sim R_3$ mm, 塑件表面无明显浇口、烙接痕和顶出的痕迹。

技术要求

1. 本图没有画出冷却水道, 配时, 可在定模板内圆绕型腔周围钻出通水道和安装水管接头的螺孔, 注意水道要避免与模板边其他孔相通。

2. 开模初, 定模座板和定模板之间的次分型面能顺利打开; 抽芯和复位时, 侧滑块运动平稳且灵活; 闭模后, 两分型面存在的间隙小于塑料溢料值 0.03mm。

3. 调整 4 支拉杆上的螺母和垫圈的位置, 使定模座板和定模板在分型面打开后保持相互平行, 且打开的距离能保证足够空间取出主流道凝料。

序号	名称	数量	材料	标准	备注
37	定位销（2）	4		GB/T 119.1—2000	$\phi5\times15$
36	螺钉（5）	4		GB/T 70.1—2008	M5×15
35	导滑压板	2	45		HRC43~48
34	螺钉（4）	1		GB/T 70.1—2008	M6×15
33	定位挡块	1	45		M5
32	定位拉杆	1	45		M3×50
31	弹簧（2）	1		GB/T 2089—2009	$d\times D\times H_0=\phi1.2\times6\times20$
30	垫圈（2）	1		GB/T 97.1—2002	内径 $d_1=32$, 外径 $d_2=6$
29	螺母（3）	1		GB/T 6170—2000	M3
28	圆柱销（2）	1		GB/T 119.1—2000	$\phi5\times35$
27	锁紧块	1	45		HRC 43~48
26	侧滑块	1	45		HRC 43~48
25	斜导柱	1	T 10A		HRC 55~60
24	螺母（2）	1		GB/T 6170—2000	
23	圆柱销（1）	1		GB/T 119.1—2000	$\phi3\times14$
22	侧型芯	1	45		HRC 43~48
21	螺钉（3）	4	45	GB/T 70.1—2008	M6×12
20	推板	1	45		150×28×15
19	推杆固定板	1	45		150×28×13
18	推杆	4	T 10A		HRC 55~60
17	螺钉（2）	3		GB/T 70.1—2008	M4×20
16	浇口套	1	T 10A		HRC 50~55
15	定模座板	1	45	GB/T 12555—2006	200×150×25
14	定模板	1	45	GB/T 12555—2006	150×150×30, HRC 43~48
13	弹簧	4		GB/T 2089—2009	$d\times D\times H_0=\phi3\times25\times80$
12	拉杆	4	45		M16×106
11	型芯	1	T 10A		HRC 55~60
10	推件板	1			150×150×12, HRC 43~48
9	导柱	4	45	GB/T4 169.4—2006	$\phi16\times80$
8	动模板	1		GB/T 12555—2006	150×150×15
7	定位销（1）	4	45	GB/T 119.1—2000	$\phi10\times95$
6	垫圈（1）	1		GB/T 97.1—2002	内径 $d_1=17$, 外径 $D_1=28$
5	螺母（1）	1		GB/T 6170—2000	HRC 10
4	支承板	1	45	GB/T 12555—2006	HRC 43~48
3	垫块	2	45	GB/T 12555—2006	150×28×52
2	螺钉（1）	4		GB/T 70.1—2008	M10×90
1	动模座板	1	45	GB/T 12555—2006	200×150×20

	双分型面、斜导柱侧向			比例	1:1.5
	抽芯塑料注射装配图			重量	
设计		日期			共　张
审核		日期			第 1 张
班级		学号			

向抽芯塑料注射模装配图

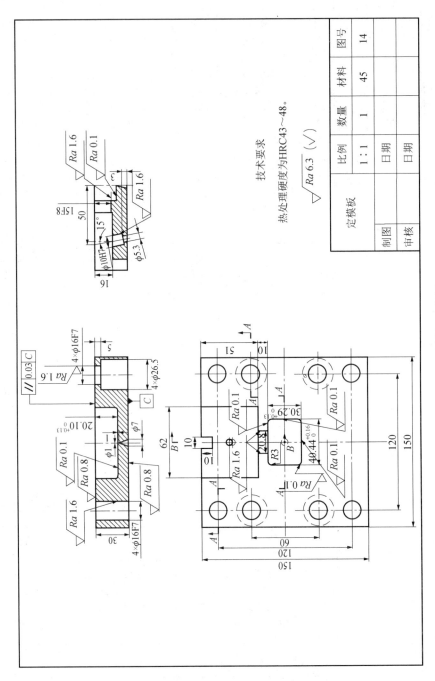

图 3-2　定模板零件图

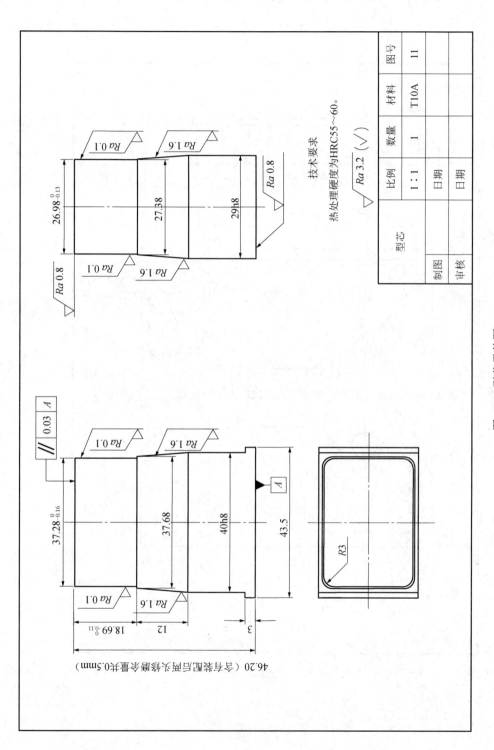

图 3-3　型芯零件图

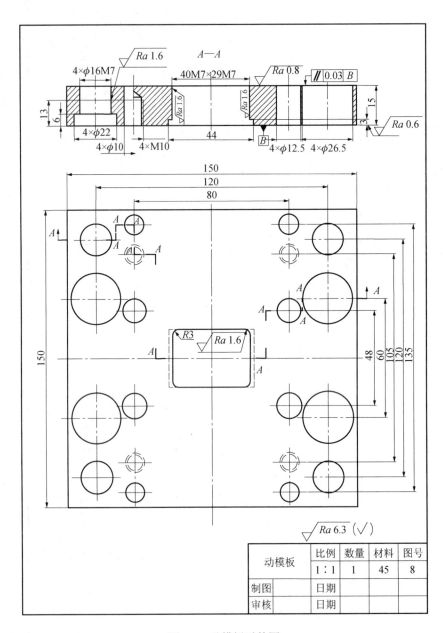

图 3-4 动模板零件图

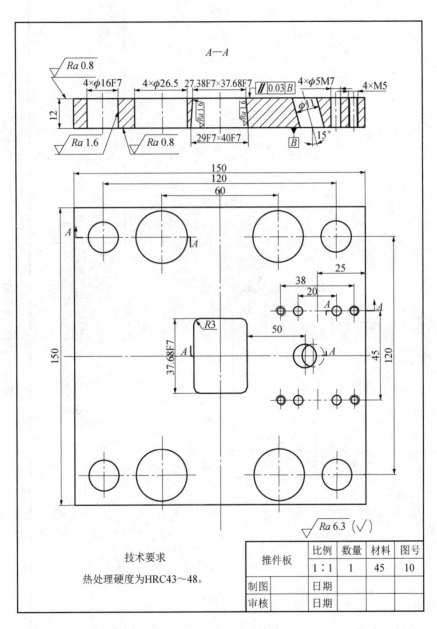

技术要求

热处理硬度为HRC43～48。

推件板	比例	数量	材料	图号
	1:1	1	45	10
制图		日期		
审核		日期		

图 3-5　推件板零件图

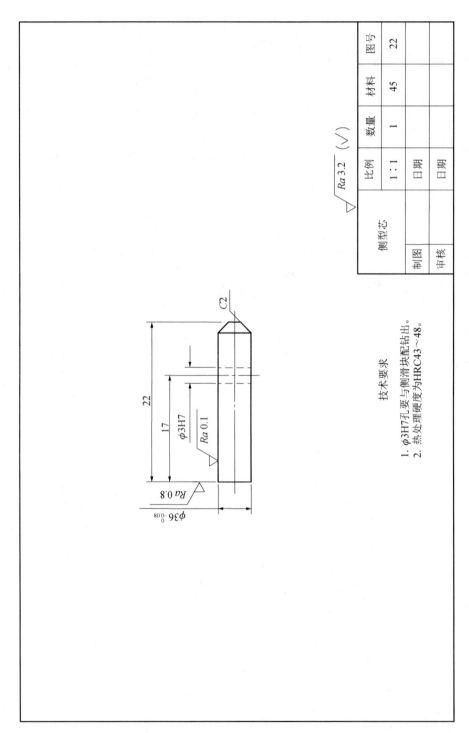

技术要求

1. $\phi3H7$孔要与侧滑块配钻出。
2. 热处理硬度为HRC43~48。

$\phi3H7$

$Ra\,0.1$

$Ra\,0.8$

$\phi36^{\ 0}_{-0.08}$

$C2$

22

17

$\sqrt{Ra\,3.2}$ ($\sqrt{}$)

侧型芯		比例	1:1	数量	1	材料	45	图号	22
	制图		日期						
	审核		日期						

图 3-6 侧型芯零件图

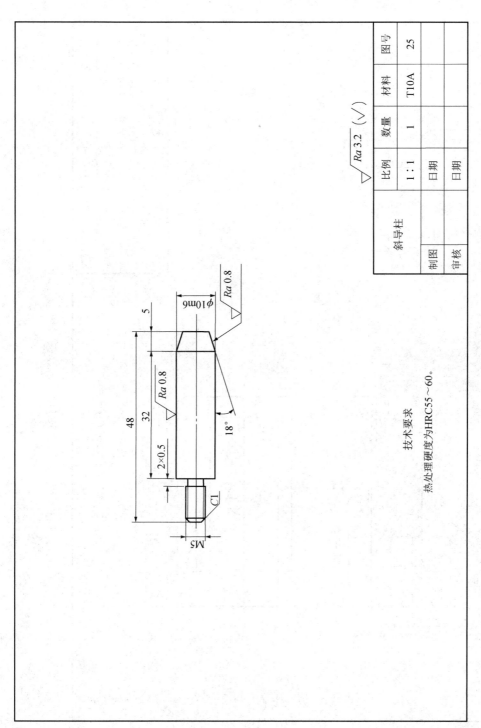

技术要求

热处理硬度为HRC55~60。

图 3-7　斜导柱零件图

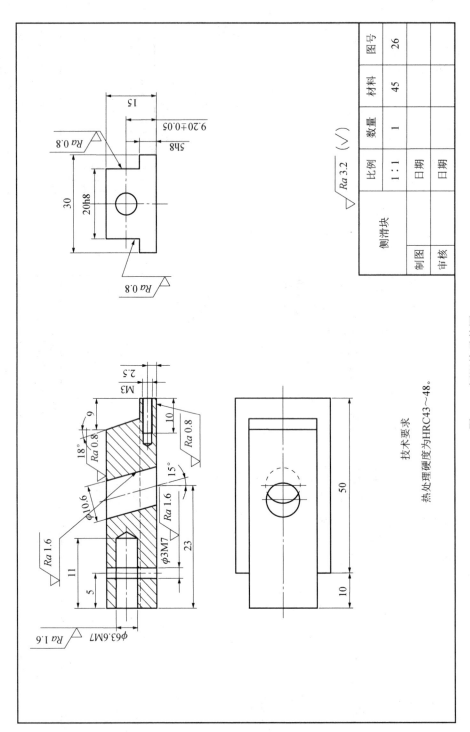

技术要求

热处理硬度为HRC43~48。

图 3-8　侧滑块零件图

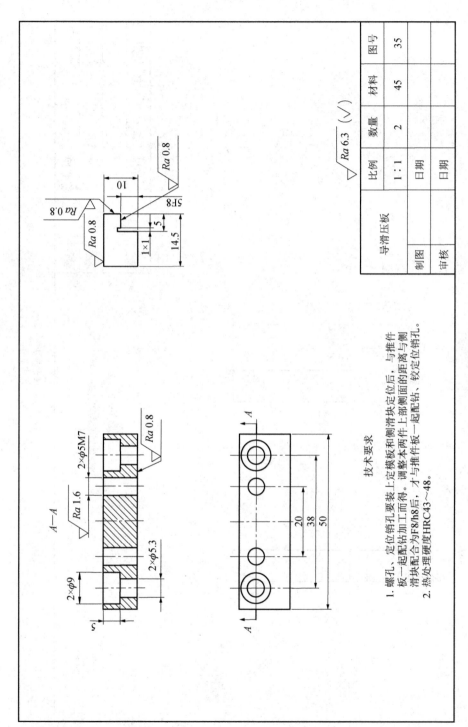

技术要求

1. 螺孔、定位销孔要装上定模板和侧滑块定位后，与推件板一起配钻加工而得。调整本两件上部侧面的距离与侧滑块配合为 F8/h8 后，才与推件板一起配钻、铰定位销孔。
2. 热处理硬度 HRC43～48。

图 3-9　导滑压板零件图

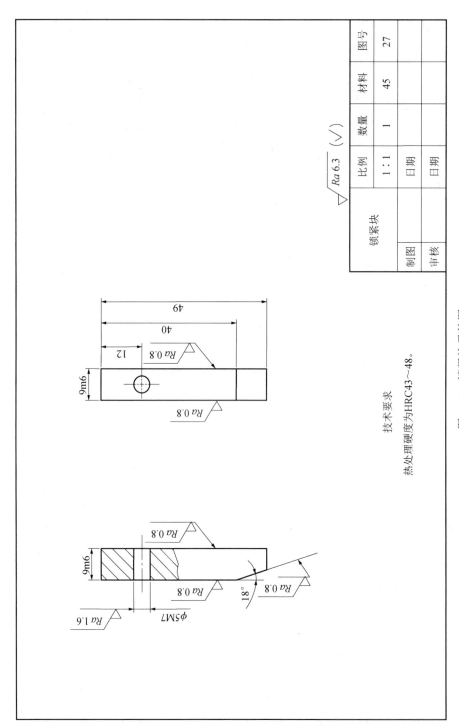

技术要求

热处理硬度为HRC43～48。

图 3-10 锁紧块零件图

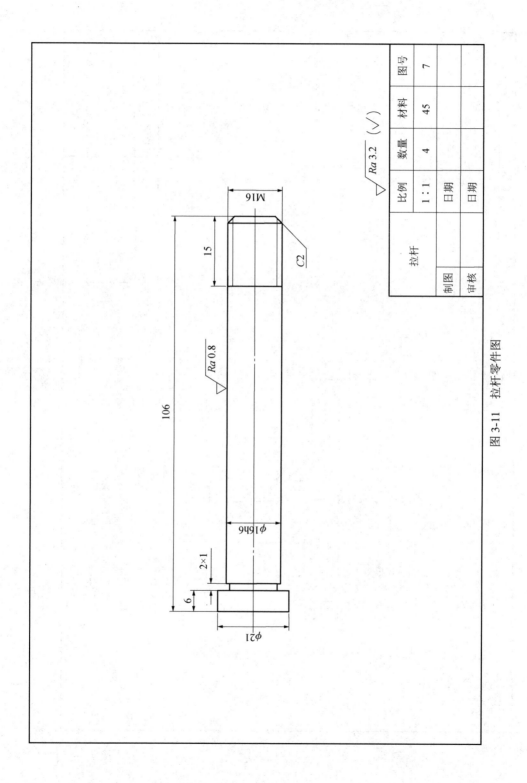

图 3-11 拉杆零件图

拉杆		比例	数量	材料	图号
		1:1	4	45	7
制图		日期			
审核		日期			

$\sqrt{Ra\,3.2}$ （√）

M16

15

C2

$\sqrt{Ra\,0.8}$

106

$\phi16h6$

2×1

6

$\phi21$

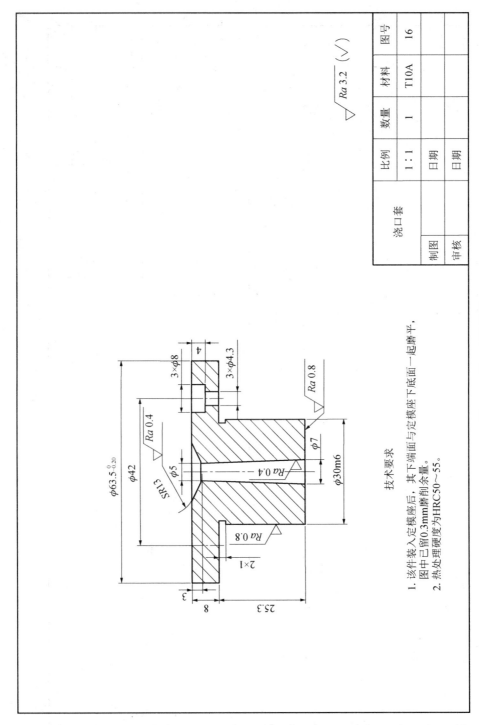

技术要求

1. 该件装入定模座后，其下端面与定模座下底面一起磨平，图中已留0.3mm磨削余量。
2. 热处理硬度为HRC50~55。

图 3-12 浇口套零件图

浇口套	比例	数量	材料	图号
	1：1	1	T10A	16
制图	日期			
审核	日期			

$\sqrt{Ra\ 3.2}$ （√）

任务实施

一、工艺分析

识读模具图，对模具制造进行工艺分析，制定模具主要零件加工工艺路线和装配工艺过程。

从图 3-1 可知，该模具是长方形件塑料模。关键工作零件是定模板 14 的型腔和型芯 11。长方形型腔的常用加工方法有普通（或数控）铣床加工、电火花加工和线切割—镶拼加工。从图 3-2 所示定模板零件图可看出，长方形的过渡圆角（R3mm）可用立铣刀加工，且热处理硬度也不高（HRC43～48），可在淬火热处理后再通过精铣以达到要求的精度。综上所述，为了减少加工成本、提高加工效率和加工精度，决定采用数控铣床加工定模板型腔。加工路线如下：

备料→刨长方形毛坯→磨两底面→在定模板 14、推件板 10 和动模板 8 配作安装工艺定位销后，一起磨两垂直侧面基准→在定模板划孔中心线和型腔轮廓线→粗铣型腔→淬火热处理→磨两底面→以两垂直侧面为测量基准精铣型腔达到尺寸→研磨抛光型腔成型表面。

图 3-3 所示的型芯属于长方形体零件，可采用数控铣削和成型磨削对其进行加工。加工工艺路线大致如下：

备料→刨长方体毛坯→磨两端面和两垂直侧面→以两垂直侧面为基准划轮廓线→粗铣→淬火热处理→成型磨削→研磨抛光成型面。

图 3-4 所示动模板和图 3-5 所示推件板是有方孔的板类零件，可采用刨削和磨削加工其平面，采用数控铣削其方形孔。加工大致路线如下：

备料→刨削长方体毛坯→磨板两底面→在定模板 14、推件板 10 和动模板 8 安装工艺定位销后，一起磨两垂直面→划孔中心线和孔轮廓线→铣粗方形孔→调质热处理→磨两底面→以两垂直侧面为测量基准铣精方孔与方型芯配合。

图 3-6 所示侧型芯 22、图 3-7 所示斜导柱 25 和图 3-12 所示浇口套 16 都是硬度要求较高（HRC55～60）的圆形件，采用的加工方法是车削和磨削。大致加工工艺过程如下：

备料→车削→淬火热处理→磨削外圆与相应孔配合→研磨抛光工作面。

图 3-8 所示侧滑块 26、图 3-9 所示导滑压板 35 和图 3-10 所示锁紧块 27 是硬度要求不高（HRC43～48）的长方体件。它们的大致加工路线如下：

备料→刨毛坯→调质热处理→磨削达尺寸或与其他件配合。

该模具注制的塑料件为方形的中小型件，模具总体装配基准适宜采用两垂直侧面，也就是在定模板 14、推件板 10 和动模板 8 配作安装两工艺定位销，一起磨出公共两垂直侧面作为基准，然后以它为划线测量基准在各板加工方孔。最后总装时用两工艺定位销将上述 3 板和定模座板相对位置固定后，配镗导柱 9 和拉杆 12 的固定孔和导向孔。

从图 3-1 中 *B—B* 的左视图和 *C—C* 的局部剖视图中可看到侧向抽芯机构的装配情况。为了保证侧滑块 26 与定模板 14 型腔的正确位置，在推件板 10 装配侧抽芯机构的导滑压板 35 和配镗斜导柱孔前，必须用工艺定位销使定模板与推件板相对位置固定。为了保证侧滑块移动灵活且注射时不会漏料，必须做到以下两点。第一点，在装配前要修配侧滑块与型腔 U 形侧孔配合为小间隙 F7/h6 配合；第二点，用螺钉将两导滑压板 35 安装在推件板 10 后，调整两导滑压板的走向和相互位置，使两导滑压板形成导向孔与型腔 U 形侧孔相平行且为 F8/h8 配合后，才在导滑压板和推件板上安装定位销。待全部导向部分装配完成后，才能安装斜导柱、侧抽芯机构的锁紧装置和定位装置。侧抽芯机构大致装配路线如下：

修配侧滑块 26 与定模板 14 的 U 形孔的配合为 F7/h6→将侧型芯 22 安装在侧滑块 26 上→在侧滑块插入定模板 U 形孔的定位条件下，在推件板和两导滑压板安装螺钉连接→调整两导滑压板在推件板的位置和走向，使侧滑块在 U 形孔和两导滑压板中移动平稳灵活后，在导滑压板和推件板安装定位销→在定模板和推件板压入两工艺定位销及侧滑块插入 U 形孔和两导滑压板的定位条件下，在定模板、侧滑块、推件板配镗斜孔并安装斜导柱 25→根据动、定模闭合条件时，侧滑块尾端所处位置安装锁紧块 27→根据开模后，斜导柱刚离开动模侧滑块斜孔时侧滑块尾端所处位置安装定位挡块 33 等定位装置。

从图 3-1 中的主视图可看到推件机构情况，推杆 18 既是推出元件又是导向元件，它与推杆固定板 19 的孔的配合为 H8/m8；与支承板 4 的孔配合为大间隙配合；与动模板 8 孔的配合为 H8/f8。在装配时，应先在动模板和支承板压入定位销，使两板相对位置固定，然后放进推杆固定板 19 与两板找正并夹紧，接着在 3 板配钻推杆和复位杆底孔。拆开后，分别在 3 板扩孔或铰孔。

 三思而后行

1. 图 3-2 所示定模板型腔为非圆形，根据型腔中过渡圆角的大小和顶部是否需要排气及工厂现有设备等情况，应采用下列哪种型腔加工方法？为什么？

A. 全部用数控铣床加工（提示：仅用于过渡圆角要求较大的型腔加工）

B. 普通铣床加工直线段和电火花机床打出过渡圆角或钳工锉修圆角

C. 线切割—镶拼

D. 全部用电极电火花加工

2. 在制造图 3-1 所示的模具时，如果采用互换装配法和修配法的混合方式来装配模具。那么，哪些类型孔的加工和装配应采用互换装配法？哪些类型孔应采用修配法？（提示：参考项目 1 "知识链接"。）

3. 采用互换装配法装配图 3-1 所示的模具时，为了保证装配后达到定模板的型腔、推件板中心孔和型芯的同轴度要求，应首先用定位销或导柱将哪几块板的相对位置固定后，一起磨出相互垂直的哪两个基准侧面？在制造模具过程中，在划线时、加工孔时，以及在安装其他零件时，怎样使用这两基准？

　　4. 在装配侧向抽芯机构时，要求达到哪些质量要求？（提示：侧型芯位置精度、侧滑块的抽芯和复位的状况、侧型芯或滑块与型腔壁孔的配合状况。）

　　下面是图 3-1 所示模具的侧向抽芯机构装配的几个步骤，请把它们按先后顺序排列起来。想一想，哪些步骤是保证达到哪方面的装配质量要求的？

　　1）通过导柱或工艺定位销定位把定模板和推件板重叠放置，然后在推件板上放上侧滑块和两导滑压板，通过放在定模板的 U 形口的侧滑块对两导滑压板在推件板上定位找正后，将两导滑压板夹紧在推件板上，然后配钻螺纹底孔。拆开后，分别在推件板攻螺孔和在两导滑压板扩孔。

　　2）用螺钉把导滑压板装在推件板上，放上侧滑块，调整两导滑压板之间的距离和走向，直到侧滑块在推件板和导滑压板之间运动稳定灵活，配钻、铰定位销孔，压入定位销。

　　3）通过锉削修配，使侧滑块前部两侧面与定模板 U 形孔配合为 F7/h6，使侧滑块后部分与导滑压板在高度上配合为 F8/h8。

　　4）以滑块底部为基准，在滑块前端面画出侧型芯固定孔中心，加工固定孔，然后将侧型芯压入固定孔并调整侧型芯插入孔内适当位置后，在侧滑块和侧型芯配钻、铰固定销孔，最后压入固定销。

　　5）将滑块前端放入定模板的 U 形孔内，使滑块下底面与定模板底面平行定位后，一起磨平两底面，并使型腔深度尺寸达要求的尺寸。

二、编写模具主要零件的机加工工艺卡

　　各主要零件的加工工艺卡见表 3-1～表 3-8，其中工序简图中 "√" 所指的面是本工序的加工面，加工余量可查附表 4 得到。至于其他非主要零件，可根据图 3-1 所示装配图，通过购买或简单加工而得。

　　1. 定模板（图 3-2）的加工工艺卡（表 3-1）

表 3-1　定模板的加工工艺卡

工序号	工序名称	工序内容	设备	工序简图
1	备料锻造	锯料后锻打成长方体毛坯 156mm×156mm×36mm，留单面刨削余量 3mm		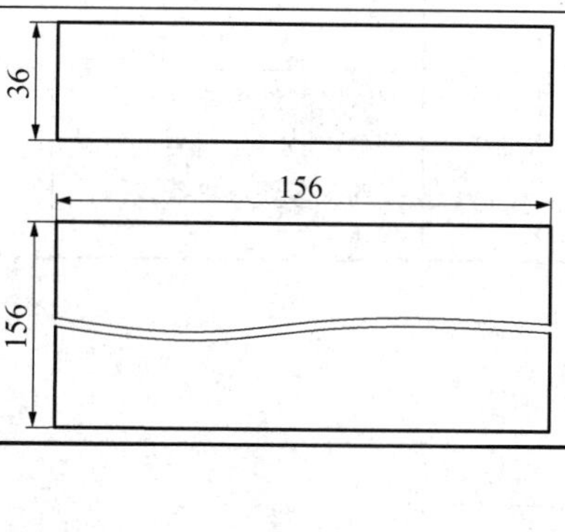 36 156 156

续表

工序号	工序名称	工序内容	设备	工序简图
2	热处理	退火		
3	刨削	刨六面至尺寸 150.6mm×150.6mm×30.6mm，留单面磨削余量 0.3mm	刨床	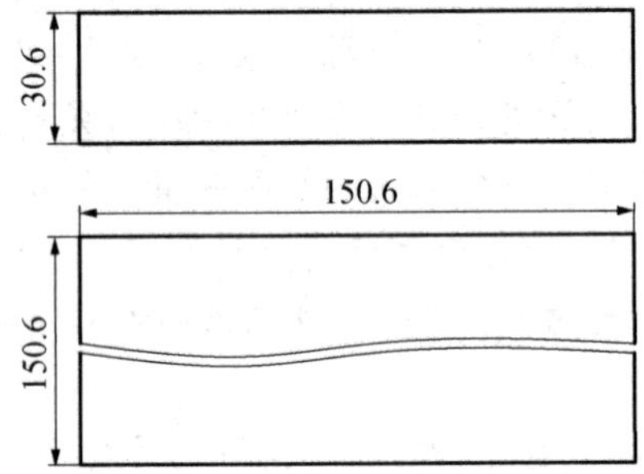 30.6 / 150.6 / 150.6
4	磨平面	磨上、下底平面至尺寸 30.4mm，留单面精磨削余量 0.2mm	平面磨床	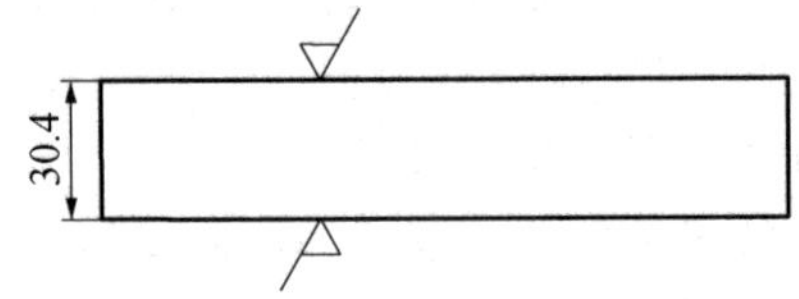 30.4
5	磨基准面	1）把动模板 8、推件板 10 和定模板 14 重叠放置并找正，夹紧后在 3 板配钻、铰两个工艺定位销孔，然后压入两定位销，如右图所示 2）配磨 3 板两相邻侧面互相垂直，作为加工和装配的基准面	平面磨床	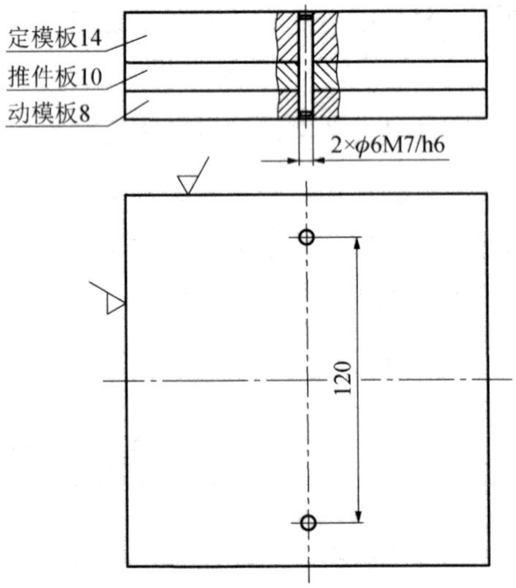 定模板14 推件板10 动模板8 2×φ6M7/h6 120
6	钳工划线	以已磨过相邻两侧面为基准，钳工划出型腔的轮廓线和安装侧滑块缺口的轮廓线		

续表

工序号	工序名称	工序内容	设备	工序简图
7	数控铣削	1）以相邻两侧面为基准，粗铣型腔面，侧面留有单面精铣余量 0.1mm，高度方向留有装配磨削单面余量 0.2mm 2）先铣削大 U 形孔宽 62mm，深 16mm，然后铣削与侧滑块配合的小 U 形孔宽 19.6mm，深 15.2mm，高度方向留单面装配后磨削余量 0.2mm，两侧面留有单面配合锉修余量 0.2mm 3）铣削锁紧块的缺口至要求的尺寸	数控铣床	
8	车削	车削主流道和浇口至要求的尺寸	数控车床	
9	热处理	淬火，回火，使硬度达 HRC43～48		
10	磨平面	平面磨削上、下底面，留有修配磨削余量 0.1mm	平面磨床	
11	数控精铣	数控精铣型腔达要求尺寸	数控铣床	

工序号	工序名称	工序内容	设备	工序简图
12	研磨抛光	钳工研磨抛光型腔成型面和流道孔面表面粗糙度达规定技术要求		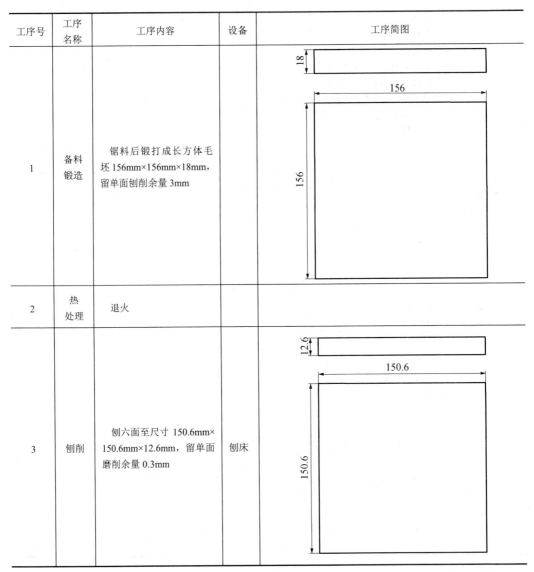

2. 推件板（图3-5）的加工工艺卡（表3-2）

表3-2　推件板的加工工艺卡

工序号	工序名称	工序内容	设备	工序简图
1	备料锻造	锯料后锻打成长方体毛坯 156mm×156mm×18mm，留单面刨削余量 3mm		
2	热处理	退火		
3	刨削	刨六面至尺寸 150.6mm×150.6mm×12.6mm，留单面磨削余量 0.3mm	刨床	

工序号	工序名称	工序内容	设备	工序简图
4	磨平面	磨平上、下底面	平面磨床	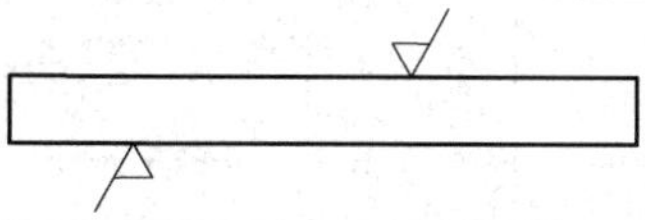
5	磨基准面	1）把动模板 8、推件板 10 和定模板 14 重叠放置并找正，夹紧后在 3 板配钻、铰两工艺定位销孔，然后压入两定位销，如右图所示 2）配磨 3 板两相邻侧面互相垂直，作为加工和装配的基准面	平面磨床	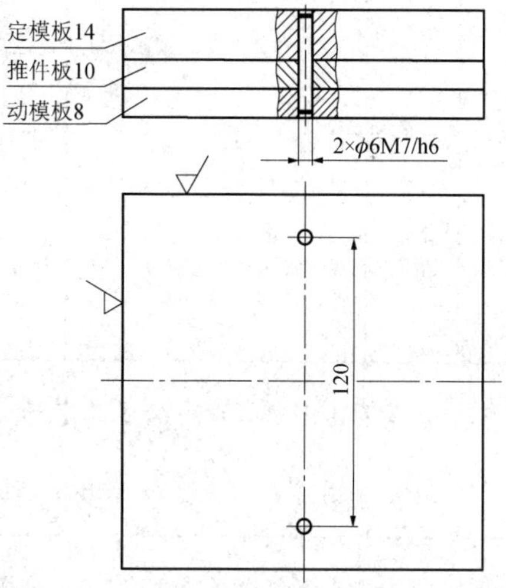
6	钳工划线	以相邻两侧面为基准划型芯孔的轮廓线及安装导滑压板的螺孔和定位销孔的中心位置		
7	数控铣削	以相邻两侧为基准，粗铣方形锥孔使其与中心型芯配合为 F7/h6，留有单面精铣余量 0.1mm	数控铣床	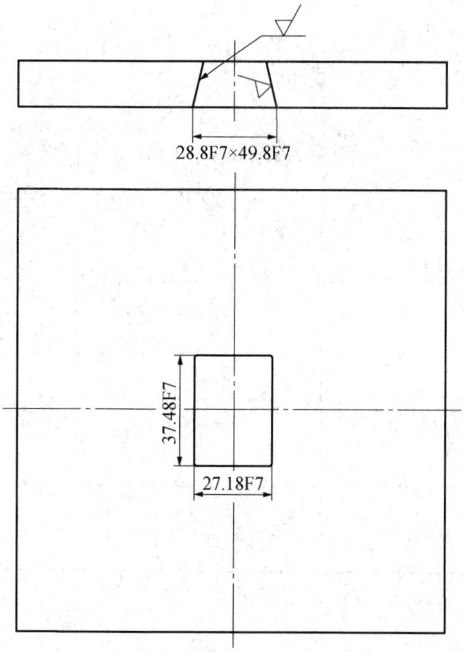

工序号	工序名称	工序内容	设备	工序简图
8	热处理	淬火，回火，使硬度达 HRC43~48		
9	磨平面	磨上、下平面达要求尺寸	平面磨床	
10	数控精铣	数控精铣中心方形孔达尺寸要求		27.38F7×37.68F7 29F7×40F7

3. 动模板（图3-4）的加工工艺卡（表3-3）

表3-3 动模板的加工工艺卡

工序号	工序名称	工序内容	设备	工序简图
1	备料锻造	锯料后锻打成长方体毛坯 156mm×156mm×21mm，留单面刨削余量 3mm		21 156 156
2	热处理	退火		

续表

工序号	工序名称	工序内容	设备	工序简图
3	刨削	刨六面至尺寸 150.6mm×150.6mm×15.6mm，留单面磨削余量 0.3mm	刨床	15.6　150.6　150.6
4	磨平面	磨平上、下平面达要求尺寸	平面磨床	
5	磨基准面	1）把动模板 8、推件板 10 和定模板 14 重叠放置并找正，夹紧后在 3 板配钻、铰两个工艺定位销孔，然后压入两定位销，如右图所示 2）配磨 3 板两相邻侧面互相垂直，作为加工和装配的基准面	平面磨床	定模板14　推件板10　动模板8　2×φ6M7/h6　120

续表

工序号	工序名称	工序内容	设备	工序简图
6	钳工划线	以相邻两侧面为基准，划出中心型芯固定孔轮廓线，导柱孔和螺孔的中心位置		
7	数控铣削	以相邻两侧面为基准，铣削方形的型芯固定孔，使其与型芯配合为 40M7/h6 和 29M7/h6	数控铣床	

4. 型芯（图3-3）的加工工艺卡（表3-4）

表3-4　型芯的加工工艺卡

工序号	工序名称	工序内容	设备	工序简图
1	备料锻造	锯料后锻打成长方体毛坯 48mm×35mm×51mm，留单面刨削余量 2.5mm		
2	热处理	退火		

工序号	工序名称	工序内容	设备	工序简图
3	粗刨毛坯	刨长方体至尺寸 43.5mm×30mm×46.7mm，留单面磨削余量 0.25mm	刨床	
4	磨平面	磨削两端面及两相邻侧面，注意保证它们相互垂直	平面磨床	
5	钳工划线	划出型芯轮廓线		
6	铣削型芯外形	铣削前端成型长方体 37.5mm×27.3mm×19mm，铣削后端配合长方体 29.3mm×40.3mm，径向留有单面磨削余量 0.15mm，其余铣削达要求尺寸	数控铣床	

99

续表

工序号	工序名称	工序内容	设备	工序简图
7	热处理	淬火，回火，使硬度达 HRC55~60		
8	精磨	先磨两端面，然后成型磨削前端长方形 37.3mm×27mm，留有单面研磨余量 0.01mm，磨削下端固定长方体 29h6×40h6	成型磨床	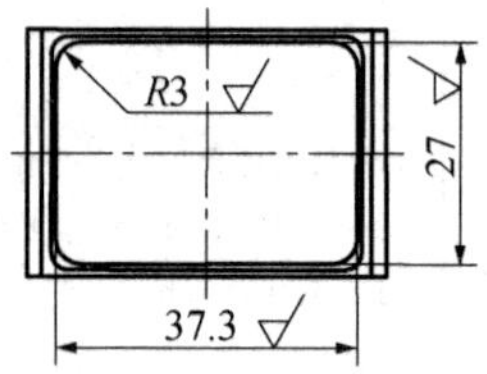 R3 27 37.3
9	研磨抛光	研磨抛光前端长方形至要求尺寸，表面粗糙度值达 Ra0.1μm，研抛锥面，使表面粗糙度值达 Ra1.6μm		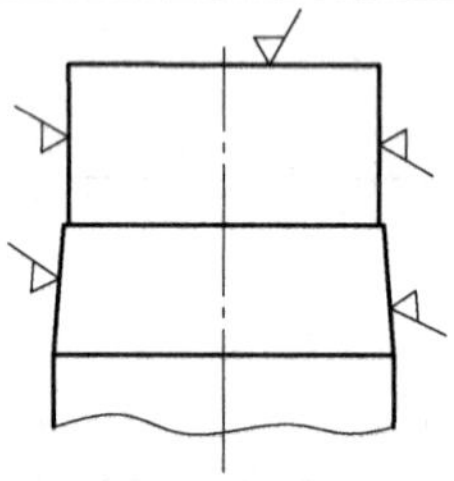

5. 侧滑块（图 3-8）的加工工艺卡（表 3-5）

表 3-5　侧滑块的加工工艺卡

工序号	工序名称	工序内容	设备	工序简图
1	备料锻造	锯料后锻打成长方体毛坯 66mm×36mm×21mm，留单面刨削余量 3mm		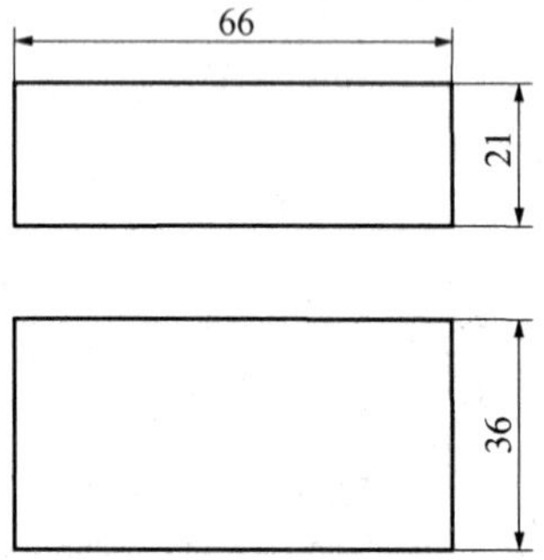 66 21 36
2	热处理	退火		
3	粗刨	刨削长方体毛坯 60.6mm×30.6mm×15.6mm，留单面磨削余量 0.3mm	刨床	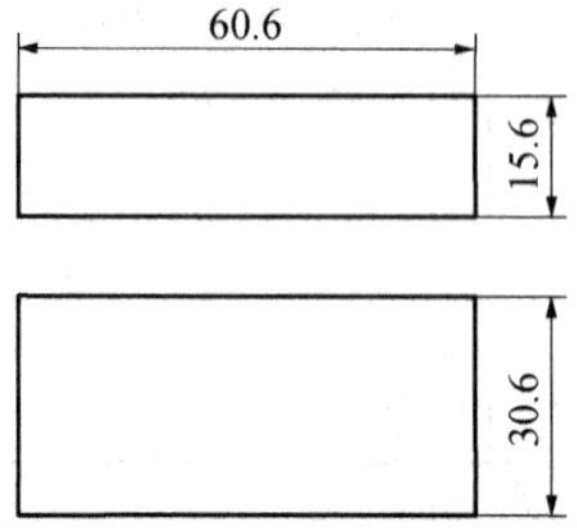 60.6 15.6 30.6

工序号	工序名称	工序内容	设备	工序简图
4	磨平面	磨削长方体的6个面至尺寸60.3mm×30.3mm×15.3mm，并保证它们相邻两面互相垂直，留单面精磨削余量0.15mm	平面磨床	
5	钳工划线	划出台阶和斜面的轮廓线		
6	精刨	1）刨削高为5.3mm的台阶平面，留有单面磨削余量0.15mm 2）刨削前端20.3mm×10.15mm，两侧面留有单面磨削余量0.15mm 3）刨削斜面	刨床	
7	热处理	淬火，回火，使硬度达HRC43～48		
8	精磨平面	磨削前端两侧面达尺寸20h8，磨削上、下平面和台阶平面，使高度尺寸分别为15.2mm和5.2mm，留有装配时配磨余量0.2mm		

6. 导滑压板（图 3-9）的加工工艺卡（表 3-6）

表 3-6　导滑压板的加工工艺卡

工序号	工序名称	工序内容	设备	工序简图
1	备料锻造	锯料后锻打成两个长方体 56mm×21mm×16mm，留单面刨削余量 3mm		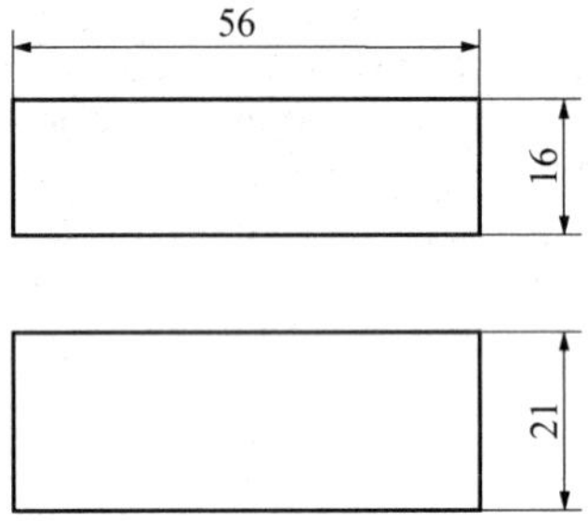
2	热处理	退火		
3	刨削	刨削成右图所示的长方体，要磨削处留有单面磨削余量 0.2mm	刨床	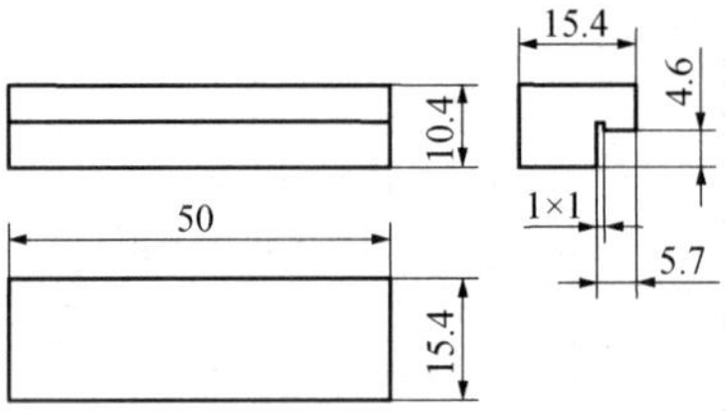
4	热处理	淬火，回火，使硬度达 HRC43～48		
5	磨削平面	先磨削上、下平面和侧面作为基准面，然后磨削垂直的导滑面至尺寸 15mm，磨削水平导滑面至尺寸 5F8，使它与侧滑块的台阶高度配合 F8/h8	平面磨床	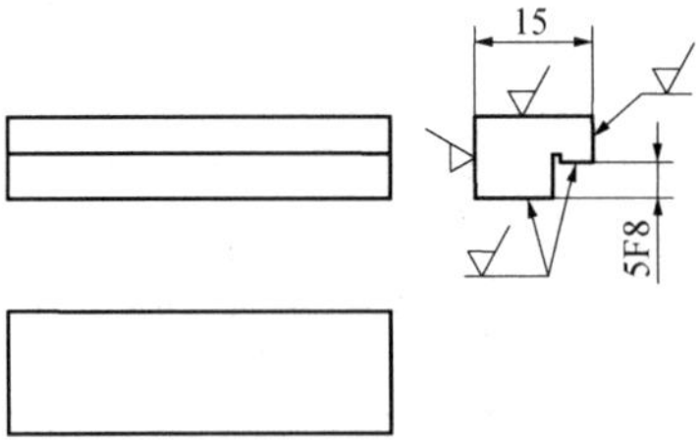

7. 锁紧块（图 3-10）的加工工艺卡（表 3-7）

表 3-7　锁紧块的加工工艺卡

工序号	工序名称	工序内容	设备	工序简图
1	备料锻造	锯料后锻造成长方体 55mm×15mm×15mm，留有单面刨削余量 3mm		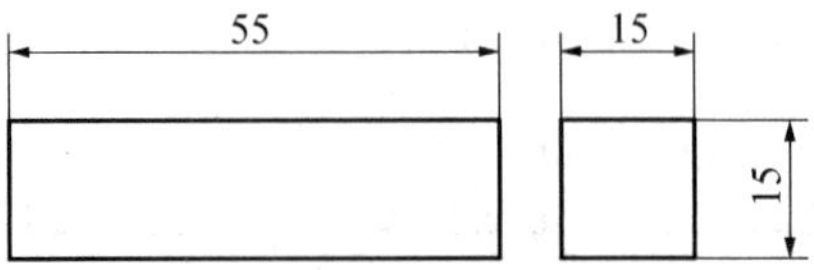

续表

工序号	工序名称	工序内容	设备	工序简图
2	热处理	退火		
3	刨削	刨长方体毛坯　49mm×9.4mm×9.4mm，要磨的侧面留单面磨削余量0.2mm	刨床	(工序简图：40、9.4、18°、49、9.4)
4	热处理	淬火，回火，使硬度达 HRC43～48		
5	磨削平面	磨削4侧面，使其与定模座板固定孔配合为 H7/m6	平面磨床	(工序简图：9m6、9m6)

8. 浇口套（图3-12）的加工工艺卡（表3-8）

表3-8　浇口套的加工工艺卡

工序号	工序名称	工序内容	设备	工序简图
1	备料	锯棒料ϕ70mm×39mm，长度和径向都留车削余量3mm		(工序简图：39、ϕ70)

工序号	工序名称	工序内容	设备	工序简图
2	车削	1）夹持一头，车削外圆至尺寸ϕ64.1mm，留单面磨削余量0.3mm 2）掉头夹持已车外圆，车削另一端面，使总长为33.3mm，车外圆至尺寸ϕ30.6mm×25.3mm，留单面径向和轴向磨削余量0.3mm，车退刀槽2mm×1mm，车主流道 3）夹持小外圆，车球面凹坑	卧式车床	
3	钳工钻孔	划出3个M4螺孔中心位置并钻出3个ϕ4.5mm孔，扩3个ϕ8mm沉孔		
4	热处理	淬火，回火，使硬度达HRC50～55		
5	磨外圆	1）夹持小外圆，磨大外圆至尺寸 2）掉头夹持大外圆，磨小外圆至尺寸ϕ30m6，使其与定模座的固定孔配合为H7/m6		

续表

工序号	工序名称	工序内容	设备	工序简图
6	研磨抛光	研磨抛光球面凹坑和主流道，表面粗糙度值为 $Ra\ 0.02\mu m$		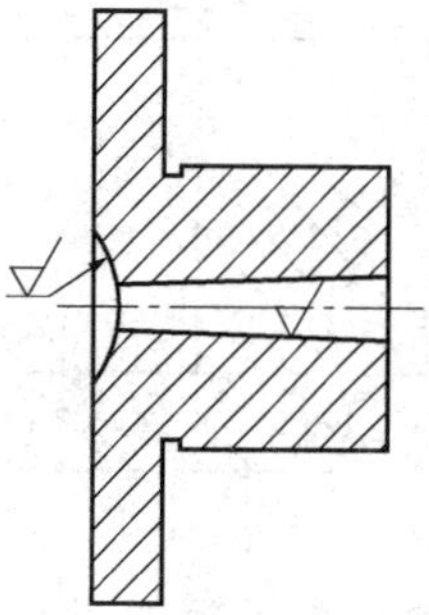

三、双分型面、斜导柱侧向抽芯塑料注射模装配

1. 浇口套 16 在定模座板 15 的安装

步骤 1　把浇口套压入定模座板的中心孔内，用平行夹具将浇口套压在定模座板上，然后用 $\phi 4.5mm$ 钻头通过浇口套上 3 个 $\phi 4.5mm$ 孔，在定模座板上引钻锥窝。拆开后，在定模座板的锥窝处钻、攻 3 个 M4 螺孔。

步骤 2　重新把浇口套压入定模座板中心孔内，用 3 个 M4 的螺钉将浇口套压紧在定模座板上，然后将它们翻转，用平面磨床将它们下底部一起磨平。

2. 型芯 11 在动模板 8 的安装

把型芯压入动模板的中心孔内，用平面磨床将它们底部一起磨平。然后将型芯套上推件板 10，测量型芯伸出推件板的长度是否符合要求 $18.69_{-0.1}^{\ 0}mm$。如果不符合，则通过磨削推件板或型芯上端面，使其达到要求。

3. 侧向抽芯机构的装配

01　修配定模板 14 的小 U 形口与侧滑块 26 前端两侧面配合为 F8/h8

先锉修定模板 14 的小 U 形口两侧面，使其两侧与侧滑块 26 前端两侧面的配合为 20F8/h8，然后把定模板倒放，在它的小 U 形口放上侧滑块，在侧滑块后端放上适当厚度的垫块，使侧滑块底面与定模板下底面平行（允许两面有高度差），接着用平面磨床将两平面一起磨平至型腔深度尺寸 H_m 为要求的 $20.10_{0}^{+0.13}$ mm 为止，如图 3-13 所示。

02　将侧型芯 22 安装在侧滑块 26 上

以侧滑块下底面为基准，高度为 9.2mm，在侧滑块前端面划出侧型芯固定孔中心位置，接着用钻床在此位置钻出固定孔。然后把侧型芯压入侧滑块的固定孔内，调整侧型芯伸出滑块前端面的长度为塑件壁厚后，在它们配钻 $\phi 3mm$ 圆柱销的固定孔，随后在固定孔内压入圆柱销。

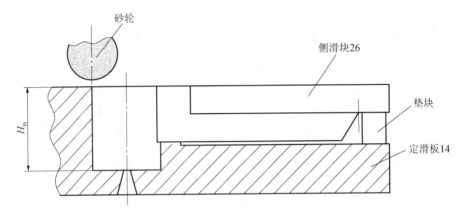

图 3-13　磨平两平面

03 将导滑压板 35 安装在推件板 10 上

把定模板 14 放在推件板上对正后，在零件加工时已加工好的定位销孔压入两支工艺定位销，接着在推件板和定模之间的 U 形孔内放置侧滑块 26 和两导滑压板，使侧滑块插入定模板小 U 形孔内，使两导滑压板上侧面紧贴侧滑块的两侧面定位。然后用平行夹具将两导滑压板压紧在推件板上，如图 3-14 所示，取走定模板，在导滑压板和推件板配钻 4 个连接螺孔的 φ4.2mm 底孔。拆开后，在导滑压板扩 4 个 φ5.5mm 通螺孔和沉孔，在推件板攻 4 个 M5 螺孔。

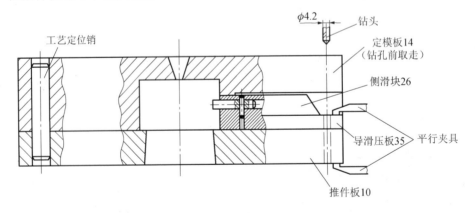

图 3-14　在导滑压板和推件板配钻连接螺钉底孔

用螺钉把两导滑压板安装在推件板上后，把侧滑块放入两导滑压板之间，通过两工艺定位销导向，把定模板盖在推件板上，在侧滑块两侧面涂上一层薄而均匀的红丹油后，使侧滑块在定模板 U 形口和两导滑压板之间来往移动若干次后，取出侧滑块，通过观察其前端两侧抹去油的情况来判断 U 形口的间隙分布情况。然后稍拧松压紧导滑压板的螺钉，根据间隙分布状况用锤子敲击导滑压板，微调其摆向和位置，直至调整到侧滑块前端两侧面与 U 形口的间隙分布均匀且侧滑块移动平稳灵活为止，拧紧压紧螺钉，在导滑压板和推件板配钻、铰定位销孔，压入定位销。导滑压板装配完成。

04 锁紧块 27 的安装

为了使锁紧块斜面和侧滑块斜面均匀接触，且锁紧块对侧滑块有一定的锁紧力，首先必须对锁紧块的斜面进行修磨。如图 3-15 所示，先用螺钉和定位销将导滑压板 35 安装在推件板 10 上，接着把推件板放在装有型芯的动模板 8 上，再依次放上定模板 14、等高 0.2～0.8mm 的垫片、定模座板 15，4 板对正后，压入两工艺定位销，再将侧滑块从推件板上的两导滑压板推入，直到侧滑块的侧型芯抵住型芯 11 为止。在锁紧块的斜面涂上一层均匀的薄红丹油后，将锁紧块从定模座板方形孔内向下插入，直到它的斜面与侧滑块接触后，取出锁紧块，修磨斜面上抹去红丹油的凸出部分直至修磨到两斜面贴合接触面占总面积 70%～80% 为止。然后按此位置，在定模座板和锁紧块配钻、铰固定销孔，压入圆柱销 28，最后将定模座上平面与锁紧块上端面一起磨平。

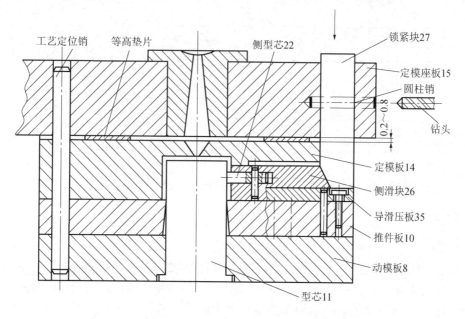

图 3-15　锁紧块的安装

05 安装斜导柱 25

首先利用图 3-15 的装置划出闭模时侧滑块 26 在推件板 10 的位置，拆去定模座板 15 和动模板 8，用平行夹具将定模板 14 和侧滑块压紧在推件板上。然后把它们装夹在铣床可倾工作台上，先在 3 板配钻孔 ϕ5.3mm，在定模板上钻、铰 ϕ10H7mm 的固定孔。接着拆开，在侧滑块扩 ϕ10.6mm 的导向孔，在推件板扩 ϕ12mm 孔。最后，用螺母将斜导柱安装在定模板孔内。

06 侧滑块的定位装置的安装

侧滑块的定位装置的安装比较简单，这里不详细讲述。但安装完毕后，注意检查开模后，斜导柱离开滑块时，滑块末端是否靠住定位挡块 33 的定位面。如果不是，则要通过锉修定位挡块装配面或在装配面之间增设适当厚度的垫片，使其达到要求。

4. 导柱 9 和拉杆 12 的安装

把动模板 8、推件板 10、定模板 14 和定模座板 15 重叠放置并找正，在已加工的定位销孔中压入两工艺定位销定位，用平行夹具将 4 块板夹紧，在这 4 块板钻、铰导柱及拉杆固定孔和导向孔，如图 3-16 所示。拆开后，在相应的板扩导柱凸台孔和 4 个 ϕ27mm 的通拉杆孔。最后把 4 支导柱压入动模板孔内，一起磨平下底面；把 4 支拉杆压入定模座板内，一起磨平上底面。

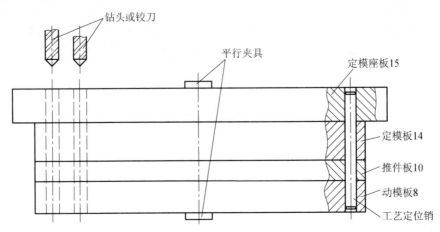

图 3-16 用平行夹具将 4 板夹紧后钻、铰导柱孔和拉杆孔

5. 动模的安装

把动模座板 1、垫块 3、支承板 4 和动模板 8 重叠放置并找正后，用平行夹具把 4 板夹紧，配钻 M10 螺纹底孔，通过动模板已加工的 ϕ27mm 拉杆孔在支承板引钻孔。拆开后，在动模座板扩通螺孔 ϕ10.3mm 和沉孔，在垫块和支承板扩通螺孔 ϕ10.3mm，在动模板攻 4 个 M10 螺孔，然后用 4 支螺钉把 4 块板连接紧，接着在动模 4 板配钻、铰 4 个 ϕ10mm 定位销孔，然后压入定位销，在支承板下平面，通过两垫块的内侧面，复划出确定推板位置的两平行线，待装配推出机构用。

6. 推件板推出机构的安装

把支承板 4 放在动模板 8 上，并在两板压入 4 支定位销，接着把推杆固定板 19 放在支承板上，以支承板下底已划出两垫块的内侧面的线为基准，找正后，用平行夹具将 3 板夹紧，配钻 4 个 ϕ11.8mm 推杆孔底孔，如图 3-17 所示。拆开后，在动模板和推杆固定板铰 ϕ12H8mm 孔，在支承板扩 4×ϕ12.5mm 通杆孔，在推杆固定板扩沉孔。

把推杆固定板 19 和推板 20（图 3-1）找正并夹紧后，配钻 4 个 M6 的螺纹底孔。拆开后，在推杆固定板攻螺孔，在推板扩通螺孔和沉孔。然后把 4 支推杆插入倒放的推杆固定板的孔内，用平面磨床把固定板底面和推杆下端面一起磨平，再盖上推板后，用螺钉将推杆固定板和推板连接紧，成为推杆组件。

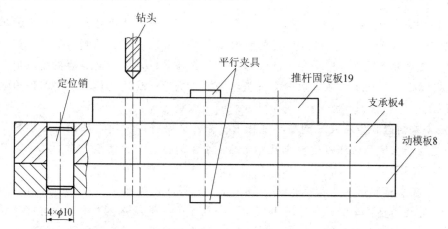

图 3-17   用推杆固定板、支承板、动模板配钻推杆孔

7. 总装配

01 定模装配

在已安装上浇口套的定模座板 15 的孔压入 4 支拉杆 12，将 4 个弹簧 13 放进定模板 14 的拉杆孔内后，使定模座板上 4 支拉杆分别插入定模板的拉杆孔的弹簧孔内，然后在拉杆下端拧进螺母 5 和垫圈 6。

02 动模装配

首先，把 4 支导柱 9 压入倒放的动模板 8 的孔内，接着将支承板 4、推杆组件、垫块 3 和动模座板 1 按装配图的图示位置放置，其中推杆组件的 4 支推杆 18 分别插入支承板和动模板的孔内，然后用 4 支螺钉和 4 支定位销将动模 4 板连接紧。然后把装好的动模翻转正常位置，检查各推杆高度是否大致相同，以及闭模时推杆前端面是否稍低于动模板上平面，如达不到要求，则要修磨推杆前端面，使其达到要求。

最后，通过导柱导向，在动模板 8 上先后放上推件板 10（装有侧抽芯机构）和定模后，整套模具装配完成。

8. 试模

将已安装好的双分型面、斜导柱侧向抽芯塑料注射模安装在注射机上，然后将从附表 7 查出注制所需的压力、时间、温度等有关参数输入注射机，并注制出塑料件。检查该件是否达到图 3-1 右上角的塑料件的尺寸精度等要求。

在试模时，如果出现某些缺陷或故障，可根据观察到的缺陷或故障现象在附表 8 中查出其产生的原因和修改方法，然后对模具或注制参数进行整改。

做后再思量

1. 本制造方案先在动、定模板压入定位销后，一起磨两垂直侧面作为加工和装配基准。如果加工机床精度致使型腔中心和型芯安装孔中心到侧面基准的相应两个位置尺寸相差较大，则会导致装配后出现什么质量问题？出现这样的情况时，在动、定模导柱孔加工前应采取什么补救措施？（提示：改用此模具主要零件为装配基准。）

2. 本制造方案在装配侧型芯过程中，为什么要将侧滑块下底面与定模板下底面一起磨平且使型腔深度达要求尺寸之后，才在侧型芯划出侧型芯中心孔位置且加工出侧型芯固定孔？（提示：保证侧型芯的高度尺寸要求。）

3. 在本模具试模中，如果侧向抽芯机构出现下面两个质量问题，那么各应采用什么补救措施？（提示：可采用下面一个或多个改进措施：①改装上留有足够的修配余量的侧型芯 22 后，再以定模板小 U 形孔为基准，对它进行压印修配；②检查斜导柱与侧滑块孔之间的间隙是否足够，不足时，可扩大滑块的孔；③检查侧滑块前端与定模板小 U 形孔之间的间隙是否过小，如过小，可适当锉修侧滑块；④打出导滑压板和推件的定位销 37，稍拧松连接螺钉 36，微调导滑压板位置和方位，使侧滑块在它们中移动灵活后，再拧紧螺钉，重新在导滑压板和推件板配钻、铰定位销孔，然后压入定位销。）

1）侧滑块前端与定模板小 U 形孔的配合间隙过大而引起注射时漏料，但抽芯和复位的运动灵活。

2）抽芯和复位的运动不灵活，甚至卡死，但注射时不漏料。

4. 在装配推件板推出机构时，为什么没有安装复位元件？在装配时，为什么允许模具闭合时推杆前端面稍低于动模板上平面？

5. 图 3-1 点浇口塑料注射模有一个不足之处就是在塑件推出模具后，主流道凝料还留在定模板 14 的中心孔内，要靠人工用钳把它拔出后才能继续进行注射生产。为了实现注制全自动化生产，还要如图 3-18 中所示，在模具增设置点浇口浇注系统凝料的自动推出机构。该模有 3 个分型面，注制时 3 个分型面打开过程如下：注制时，注射机喷嘴 8 顶推浇口套 7 压缩弹簧 6 向左移，如图 3-18（a）所示→开模时，注射机喷嘴右退移，弹簧使浇口套右移，同时动模型芯 10 带着塑件、主流道凝料、定模板 1 向左移，由于主流道突出的横边作用也带动挡板 3 向左移，第一分型面打开→当随挡板左移的限位螺钉 4 的大头受到定模座板 5 的孔阻碍作用时，限位螺钉 4 拉住挡板停止左移，第二分型面打开→当随定模板 1 左移的限位螺钉 2 大头受到挡板阻碍作用时，限位螺钉 2 拉住定模停止左移，第三分型面打开，如图 3-18（b）所示。想一想，下面 3 个过程分别是打开哪个型面时实施的：①主流道凝料与塑件在浇口断离，然后从定模板拔出并在自重作用下脱下；②推件板把塑件推离型芯；③主流道凝料从浇口套拔出。

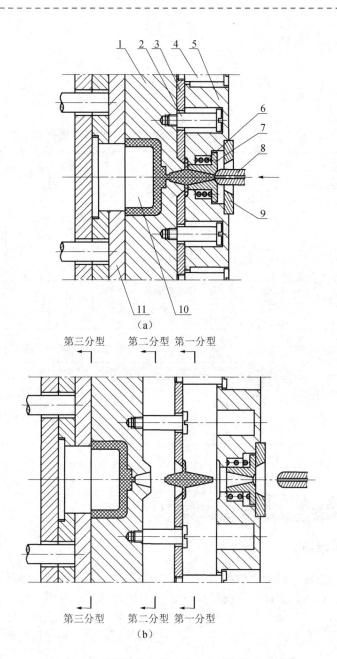

（a）

第三分型　第二分型　第一分型

第三分型　第二分型　第一分型

（b）

图 3-18　带有活动浇口套的浇注系统凝料推出机构

1—定模板；2、4—限位螺钉；3—挡板；5—定模座板；6—弹簧；
7—浇口套；8—注射机喷嘴；9—定位圈；10—型芯；11—推件板

考核评价

完成制造任务后，请按表 3-9 进行考核评价，总评价结果可分为 5 个等级，即优、良、中、合格和不合格。

表 3-9　制造双分型面、斜导柱侧向抽芯塑料注射模的评价表

评价项目	评价内容标准	配分	评价结果		
			自评	组评	教师评
零件加工和模具装配方案的合理性	1）制定的机加工和模具装配方案合理	20			
	2）制定的工艺方案具有良好经济效益和可操作性	5			
	3）制定的工艺方案条理清楚，工序尺寸标注完整、合理	5			
模具制造质量（通过检测该模具注制出的塑件得出）	1）注制出的塑件内外形尺寸在图样允许的尺寸范围才得此分	20			
	2）注制出的塑件无明显溢料飞边和强行推出擦伤痕迹才得此分	10			
	3）注制出的塑件表面粗糙度值 $\leqslant Ra0.4\mu m$ 才得此分	10			
完成制造任务的速度和工作态度	1）按时完成机加工和装配任务	10			
	2）操作机床加工和装配的熟练程度	10			
	3）能与同学交流加工方法和装配经验，协作精神好	5			
	4）遵守车间安全操作规程	5			
综合评价	评语（优缺点与改进措施）：	合计			
		总评成绩（等级）			

知识链接

一、非圆形型腔的加工

塑料模具的型腔是成型制件的外表面，因而其加工的精度和表面质量要求较高。圆形型腔可用车床、内圆磨床、坐标磨床和钳工使用转动的刀具带动研磨刀具进行加工，工艺过程较简单，而非圆形型腔的加工要困难多，常用加工方法有普通铣床加工、数控铣床加工、电火花加工、数控线切割—镶拼加工及最后钳工锉修和研磨与抛光。

1．普通铣床加工非圆形型腔

在加工前先在型腔毛坯上平面划出型腔孔的轮廓线，接着用普通铣床的铣刀将型腔孔内直线段和较大半径圆角直接加工，而较小半径（包括直角）的圆角或异形曲线段等无法直接用铣刀加工的线段留至将型腔大部分加工后，利用电火花机床，用成型电极加工。如没有电火花机床，也可由钳工按划线把这些线段锉修出来。

铣削加工的型腔表面粗糙度值为 $Ra0.4 \sim Ra12.5\mu m$，精度为 IT8~IT10，常留有 0.05~0.1mm 的锉修余量，供锉修和研磨抛光用。

2. 应用数控铣床或加工中心加工非圆形型腔

数控铣床和加工中心以数字和文字编码方式输入控制指令，经过计算机处理和计算，对铣床动作顺序、位移量和主轴转速、进给速度等实现自动控制，从而完成对型腔的铣削加工。其加工精度高（误差少至 0.01~0.02mm）。由于加工同一型腔时采用同一程序和基准，可有效地保证各段型腔面的几何精度，又由于除了手工装夹毛坯和刀具外，全部加工过程都由数控机床自动完成，减少了停机时间，使加工生产效率高，因而数控铣床和加工中心加工型腔得到广泛应用。

为了有效地利用数控铣床，型腔的粗加工应尽可能在普通铣床进行，利用普通铣床切除大部分加工余量，仅留 1~2mm 数控铣削余量。

以型腔内的合适的孔作为定位基准，将型腔毛坯件在数控铣床工作台进行装夹，加工时再以该孔作为确定型腔各段曲面的相对位置的坐标原点和对刀的基准。

3. 应用电火花加工非圆形型腔

由于电火花加工不受工件材料硬度的限制，所以它是加工材料硬度较高的模具型腔的最佳方法。它是利用数控铣床加工出铜或石墨外电极，再将电极装在电火花机床上加工出复杂而又淬硬的型腔的工艺方法，这种加工方法不但大大降低了型腔的内形加工难度，而且由于可将钢淬硬后再用电火花机床精加工型腔，避免了淬火热处理引起的变形破坏最终精加工精度。所以，其加工精度高，表面质量好，常常成为型腔加工的主要手段。

4. 线切割—镶拼法加工非圆形型腔

先用数控电火花线切割机床在型腔件上切割出通孔的型腔孔和镶拼块，经钳工对型腔孔进行研磨抛光达要求尺寸并使孔与镶拼块配合为 H7/m6 的过渡配合，然后将镶拼块压入型腔通孔内，用螺钉将镶拼块固定在圆盘件或垫板上，防止其从型腔孔内脱出，如图 3-19 所示。

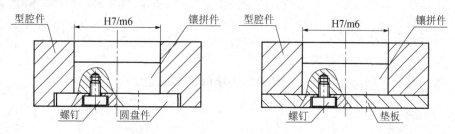

图 3-19　电火花线切割—镶拼加工的型腔结构图

此种型腔加工方法有两个优点：首先，由于钳工修整时的型腔孔为通孔而不是不通孔，研磨或抛光工具在孔内前后移动不受限制，因此大大提高了研磨和抛光的速度；其次，型腔底部在镶拼块与型腔孔的拼接缝中有电火花放电产生的微小凹坑，有利于注射时排气而不会漏料。

这种加工方法适用于型腔孔轮廓曲线复杂、孔的底部过渡为直角的型腔孔加工。

二、型腔的研磨与抛光

型腔经线切割或电火花加工后，其表面上残留有加工痕迹，为了去除这些痕迹和提高表面质量，需要对其进行研磨与抛光。

通过研磨与抛光提高型腔和型芯的工作表面质量，以满足制件的精度和表面质量要求，且使制件易于脱模；通过研磨与抛光，提高模具浇口、流道的表面质量，以降低注射阻力且使浇注系统凝料易脱出；通过研磨与抛光，提高模具零件间结合面装配精度，防止注射时结合面漏料；通过研磨与抛光，还能使与塑料熔料接触的模具表面平亮光滑，具有防腐蚀的效果。

型腔的研磨与抛光可分为手工研磨与抛光和抛光机研磨与抛光。

1. 手工研磨与抛光

01 用砂纸抛光

手持软木或其他软棒料，将砂纸压在加工面上作相对移动，以去除切削遗留痕迹，使零件表面粗糙度值变小。操作时可按先粗后细的原则更换砂纸的粒度。常用的有氧化铝、碳化硅和金刚石的砂纸。

02 用油石抛光

手持油石压在加工面上作相对运动，以去除切削遗留痕迹，使表面粗糙度值减少。抛光前，可用砂轮修整器对油石形状进行修整，使其形状与被抛光部位形状吻合。抛光时常用 L-AN15 全损耗系统用油作为抛光液，以起到一定的润滑冷却作用。在抛光过程中要经常用煤油等清洗液对油石和加工面进行清洗，以免油石因微细孔堵塞而使抛光速度下降。

03 研磨

研磨是在工件加工面和研具之间加入研磨剂，手持研具压在加工面上作相对运动，从而驱动研磨剂中的磨粒在加工面上滚动或滑动，切下微细的金属层而使加工面的表面粗糙度值减少。同时研磨剂中的硬脂酸或油酸与工件表面的氧化物薄膜产生化学作用，使被研磨表面软化，从而促进研磨效率的提高。

研具可用铸铁、铜或铜合金等制成。研磨剂由磨料、研磨液（煤油或煤油与全损耗系统用油的混合液）及适量辅料（硬脂酸、油酸或工业甘油）配制而成。钢的粗研磨用碳化硅或白刚玉作磨料。淬火钢的精研磨则使用氧化铬或金刚石粉作磨料。

2. 抛光机研磨与抛光

由于手工研磨与抛光要消耗很长的加工时间，劳动强度大，为了提高工作效率和质量，减轻工人劳动强度，往往采用电动抛光机、电解修磨抛光机、超声波抛光机等专门抛光的机床进行研磨与抛光。

电动抛光机由电动机、软轴及手持研磨抛光头组成。电动机安装在悬挂架上，电动机起动后带动软轴转动，软轴又带动手持研抛头作旋转或往复运动。此时，如果研抛头已安装上研抛工具（如研具、油石、锉刀、金刚石和砂轮等），就可以对零件进行研磨与抛光的加工。

电解研磨抛光机是在抛光工件（阳极）和抛光工具（阴极）之间施以直流电压，利用两件（极）在电解液中发生电化反应使工件表面溶解来进行抛光加工的。

超声波抛光机是利用超声波振动的能量对工件表面进行抛光加工，在这里不作详细介绍。

三、斜导柱侧向抽芯机构的装配

斜导柱侧向抽芯机构装配后，首先要求滑块和侧抽芯在抽芯或复位时能平稳灵活移动，在注射时又不会从配合间隙处漏料。要做到这一点，必须使侧抽芯和滑块与模具相关零件的配合为 F7/h7～F8/h8。其次要求模具在完全闭合时，锁紧块对侧滑块有足够锁紧力，以免在注射压力作用下，侧滑块和侧抽芯产生后移。为了达到这一点，要求模具初闭合，即锁紧块刚接触侧滑块后斜面时，如图 3-20 所示，滑块上平面与定模平面之间应留有0.2～0.8mm 的间隙，以便在模具完全闭合时，锁紧块以更大压力压在侧滑块上。

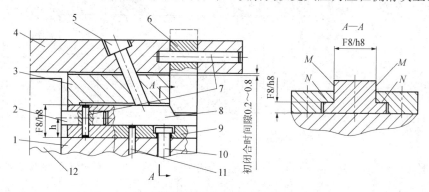

（a）侧滑块前端作为型腔部分成型面的结构

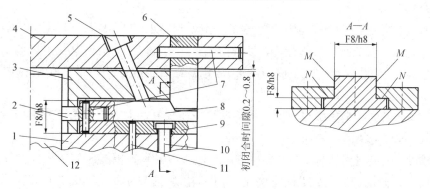

（b）侧滑块不作为型腔部分成型面的结构

图 3-20　两种结构的斜导柱侧向抽芯构机构的装配

1—推件板；2—侧型芯；3—定模板；4—定模座板；5—斜导柱；6—锁紧块；7—固定销；
8—侧滑块；9—导滑压板；10—螺钉；11—定位销；12—中心型芯

在图 3-20 中，图 3-20（a）所示为侧滑块作为型腔壁的一部分的结构，图 3-20（b）所示为侧滑块不作为型腔壁的结构，它们的装配过程稍有不同。下面分别介绍它们的加工和装配过程。

1. 侧滑块前端作为型腔部分成型面结构的加工和装配过程

步骤 1 精磨侧滑块的导滑面。按尺寸要求磨侧滑块 8 上下底面、前端方形两侧面和后段的两侧面 M 和两台阶面 N。

步骤 2 锉修定模板的 U 形孔与侧滑块前端配合为 F8/h8。锉修定模板 3 的 U 形孔的两侧面，使它与侧滑块 8 的前端方形体两侧面配合为 F8/h8；然后把定模板倒放，再将滑块放入型腔模板的 U 形孔内，并在侧滑块 8 后部与定模板 3 之间放置适当高度垫片，使定模底面与侧滑块底面相互平行；最后一起磨平下底面，并使型腔孔高度尺寸 H 达要求，如图 3-21 所示。

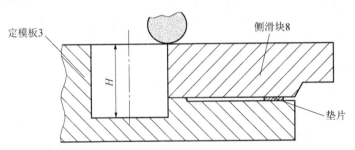

定模板3   侧滑块8   垫片

图 3-21 将侧滑块放入型腔模板的 U 形孔内一起磨平下底面

步骤 3 在侧滑块安装侧抽芯。以侧滑块的底面为基准，高为 h 在侧滑块端面画出侧型芯 2 固定孔的中心位置，并按中心位置在侧滑块前端钻、铰出固定孔，使它与侧型芯配合为 M7/h6。

将侧型芯右端面锉修成与中心型芯 12 相应部位吻合的形状。然后把侧型芯插入侧滑块固定孔内，调节侧型芯的位置，使其前端紧贴中心型芯，此时从侧滑块伸出的长度为塑件壁厚，以此相对位置在侧滑块和侧型芯配钻固定销孔，最后在销孔中压入固定销 7。

步骤 4 精磨导滑压板导滑面。精磨两导滑压板 9 侧面 M，修磨两导滑压板台阶面 N，使其在与侧滑块高度方向配合为 F8/h8。

步骤 5 安装导滑压板。通过导柱导向把推件板 1 和定模板 3 放在装有中心型芯 12 的动模板上，在推件板上放上侧滑块 8，并将侧滑块前端插入定模板 3 的 U 形孔内，使侧型芯 2 紧贴中心型芯 12，再在推件板上放上两导滑压板 9，并使两导滑压板两上侧面 M 分别紧贴侧滑块两侧面定位，用平行夹具将两导滑压板与推件板、动模板夹紧后，在导滑压板和推件板配钻螺孔底孔，如图 3-22 所示。拆开后，在推件板攻螺孔，在导滑压板扩通螺孔和沉孔。

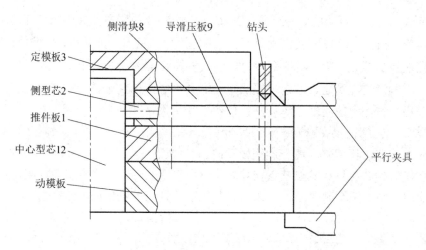

图 3-22 在导滑压板和推件板配钻螺孔底孔

将侧滑块 8 插入定模座板 4 的 U 形孔内，然后以侧滑块定位，用螺钉 10 把两导滑压板 9 稍紧安装在推件板 1 上平面。在侧滑块前端两侧面涂上一层薄而均匀的红丹油后，通过两导滑压板导向，使侧滑块插入定模板的 U 形孔内，并使侧滑块左右移动。将侧滑块取出后，根据定模板 U 形孔两侧面抹上油的情况来判断间隙分布情况。然后根据间隙分布情况敲打两导滑压板侧面，微调整两导滑压板之间距离和走向，直到将侧滑块与 U 形孔两侧间隙调整均匀为止，且侧滑块在两导滑压板移动平稳灵活。接着拧紧连接螺钉，在导滑压板和推件板配钻、铰定位销孔，最后压入定位销。

步骤 6 安装锁紧块。通过导柱导向，把定模座板 4 放置在已安装好的侧滑块 8 的定模板 3 上，如图 3-20（a）所示（未安装斜导柱）。通过定模座板上已加工的固定孔压入锁紧块 6，由于锁紧块斜面留有加工余量，锁紧块下端与侧滑块的斜面仅接触小量面积。此时可以从定模座板打出锁紧块，在侧滑块的斜面涂上一层薄而均匀的红丹油后，再将锁紧块压入，直至它的斜面与侧滑块斜面接触，取出锁紧块，将其斜面涂上红丹油的部分表面锉去余量，这样进行多次锉修，直至两斜面接触面积达到 70%～80%为止。

接着就是将锁紧块安装在定模座板 4 上，为了使锁紧块对侧滑块有一定锁紧力，应使锁紧块伸出定模座面的长度比闭合时伸出的长度稍长些，而使模具初闭合时，在定模座板和定模板分模面留有 0.2～0.8mm 的间隙。然后在定模座板和锁紧块配钻、铰固定销孔，压入固定销，锁紧块安装就完成了。

步骤 7 装斜导柱。把导滑压板 9 和侧滑块 8 安装在推件板 1 上，通过导柱导向，将定模板 3 和装有锁紧块的定模座板 4 放上，用平行夹具将 3 板夹紧，在卧式镗床或铣床镗斜导柱孔，拆开后，在定模座板上平面镗沉孔，在侧滑块扩孔，使其比原斜孔大 0.2～0.5mm。最后在定模座板和定模板的斜孔压入斜导柱。

步骤8 装配侧滑块的定位装置（以图 3-1 中 *B—B* 视图的定位装配为例）。把定位挡块 33 紧贴推件板 10 侧面找正夹紧后，一起配钻螺纹底孔。拆开后，在推件板攻螺孔，在定位挡块扩通螺孔。然后用螺钉把定位挡块安装在推件板侧面上，通过两导滑压板导向定位，将侧滑块右端面紧贴定位挡块定位面并夹紧，一起配钻定位拉杆 32 的螺纹底孔。拆开后，在侧滑块右端攻螺孔，在定位挡块扩通螺孔。

步骤9 为了保证合模时斜导柱能顺利进入侧滑块的斜导柱孔，最后必须对定位挡块定位面的位置进行调整。调整过程如下：

先把侧向抽芯装置和定位装置安装好，然后将模具打开，观察斜导柱刚从侧滑块孔完全抽出时，侧滑块右侧面是否右移到刚好与定位挡块的定位面相互接触的位置。如果达不到要求，就拆开定位挡块，根据观察情况通过修磨定位挡块下安装面，或在定位挡块的安装面与推件板侧面之间添加适当厚度的垫片来调整定位挡块，使其达到要求的位置。

2. 侧滑块不作为型腔结构的加工和装配过程

图 3-20（b）所示的斜导柱侧向抽芯机构的装配过程大致与上一种相同，不同的是侧型芯安装过程。这是由于图 3-20（b）中的侧滑块 8 中安装侧型芯 2 的孔要以定模板 3 的侧孔为基准加工，如图 3-23 所示，在定模板侧孔压入过渡配合的压印锥体，然后通过安装在推件板上的导滑压板导向，用力推动滑块向左撞到压印锥体后，使侧滑块左端面留下锥窝，根据锥窝位置在侧型芯加工出侧型芯固定孔。为了达到非圆形侧向型芯和侧孔配合后精度，可留有 0.1～0.2mm 的锉修余量。将侧型芯安装在侧滑块后，利用导滑压板导向，以定模型腔侧孔为基准，对侧型芯压印并修锉。

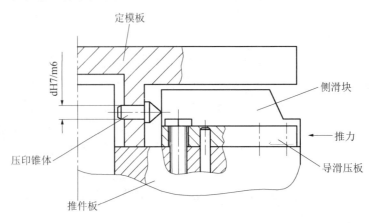

图 3-23 用压印锥体在侧滑块的端面压印出侧型芯固定孔的中心

最后，把侧型芯安装在侧滑块内，在导滑压板导向下，使侧滑块带动侧型芯在定模板侧孔来往移动。观察滑块移动情况后，先拧松将导滑压板安装在推件板上的螺钉，微调两导滑压板位置和走向，直至侧滑块移动平稳灵活为止；然后拧紧安装导滑压板的螺钉，一起配钻、铰定位销孔，压入销钉。

4 项目

制造二次推出塑料注射模

>>>>

◎ 学习目标

1. 了解塑料注射模二次推出机构的主要零件的加工工艺过程，掌握加工这些零件的基本技能。

2. 了解具有二次推出机构和嵌件、螺纹型芯的塑料注射模的装配工艺过程，掌握装配这类模具的基本方法。

3. 培养根据装配要求和现有实际条件来选择合理的、简便的、切实可行的装配方法的能力。

◎ 任务描述

1. 制定二次推出塑料注射模（图 4-1）中各主要零件（图 4-2～图 4-13）的加工工艺方案，并将这些零件加工出来。

2. 制定图 4-1 注射模的装配工艺路线，并装配成合格的模具。

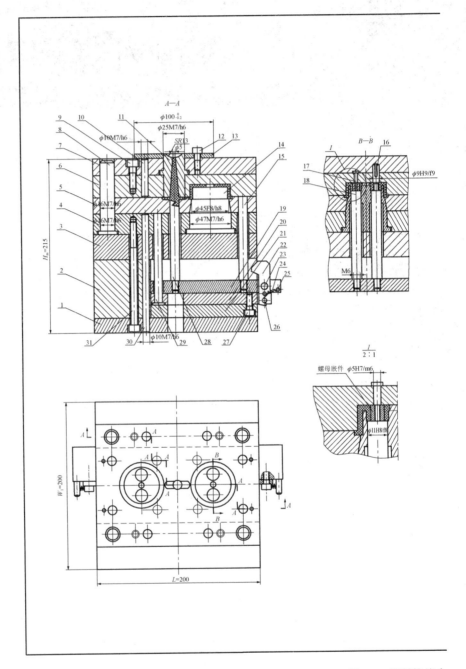

图 4-1　塑料接线盒

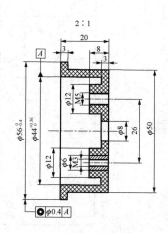

2 : 1

塑件图
塑件材料：ABS
生产批量：中小批量

31	螺钉	4		GB/T 70.1—2008	M10×120
30	圆柱销	4		GB/T 119.1—2000	φ10×135
29	推杆	4	T10A		φ8×100,M4×13
28	拉料杆	1	T10A		HRC55～60
27	螺钉	4		GB/T 70.1—2008	M6×20
26	钩销	2	T10A		φ5×20
25	小销	4	T10A		φ3×20,φ6×3
24	弹簧	2			
23	小轴	2	T10A		φ5×20
22	拉钩	2	45		53×12×5
21	一次推板	1	45		90×200×15
20	一次推杆固定板	1	45		90×200×13
19	二次推板	1	45		90×200×15
18	推杆	4	T10A		φ11×84,M6×13
17	嵌件定位杆	2	T10A		φ2.3×16
16	螺纹型芯	2	T10A		M3×8,φ6×8
15	复位杆	4	T10A		φ12×102,M6×14
14	型芯	2	T10A		HRC55～60
13	定位圈	1	45		φ100×10
12	螺钉	3		GB/T 70.1—2008	M5×20
11	浇口套	1	T10A		HRC55～60
10	圆柱销	4		GB/T 119.1—2000	φ10×45
9	螺钉	4		GB/T 70.1—2008	M10×35
8	导柱	4	T10A	GB/T 4169.4—2006	φ16×90×45
7	定模座板	1	45	GB/T 12555—2006	150×200×25
6	定模板	1	45	GB/T 12555—2006	150×200×25
5	推件板	1	45	GB/T 12555—2006	150×200×20
4	动模板	1	45	GB/T 12555—2006	150×200×25
3	支承板	1	45	GB/T 12555—2006	150×200×30
2	垫板	2	45	GB/T 12555—2006	28×200×70
1	动模座板	1	45	GB/T 12555—2006	150×200×20
序号	名称	数量	材料	标准	备注

塑料接线盒 注射模具		比例	1:1
		重量	
设计		日期	共　张
审核		日期	第1张
班级		学号	

技术要求

1. 模具闭合后，推件板与定模板在分型面紧贴同时，要求两中心小型芯与定模板型腔顶面的间隙小于塑料不溢料值0.05mm。
2. 本图没有画出冷却水道，装配时，可围绕两型腔在定模板钻出通水道和安装水管接头螺孔，注意要避免水道与型腔或其他孔接通。
3. 本图也没有画出起重吊环，装配后，可分别在动、定模侧面重心处安装吊环。

注射模具装配图

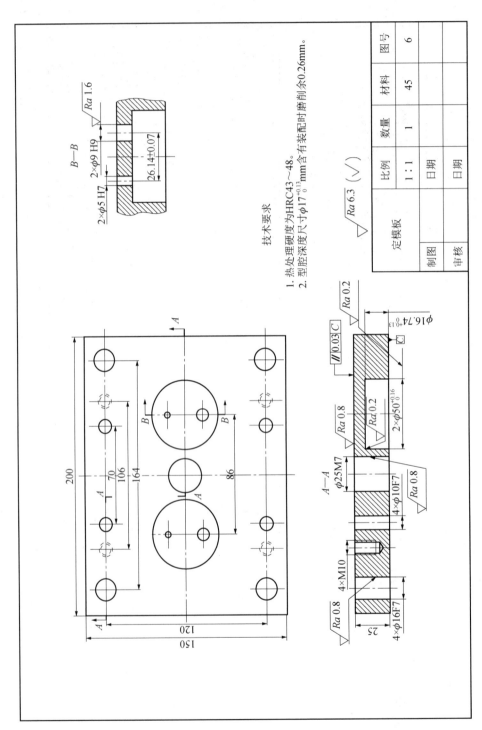

图 4-2　定模板零件图

技术要求

1. 热处理硬度为HRC43~48。
2. 型腔深度尺寸$\phi17^{+0.13}_{0}$mm含有装配时磨削磨削余0.26mm。

$\sqrt{Ra\,6.3}$（$\sqrt{}$）

定模板	比例	1:1	数量	1	材料	45	图号	6
	日期							
制图	日期							
审核								

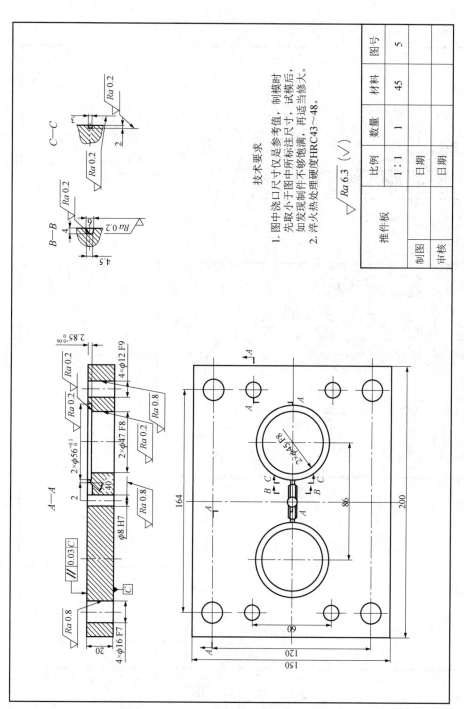

图 4-3　推件板零件图

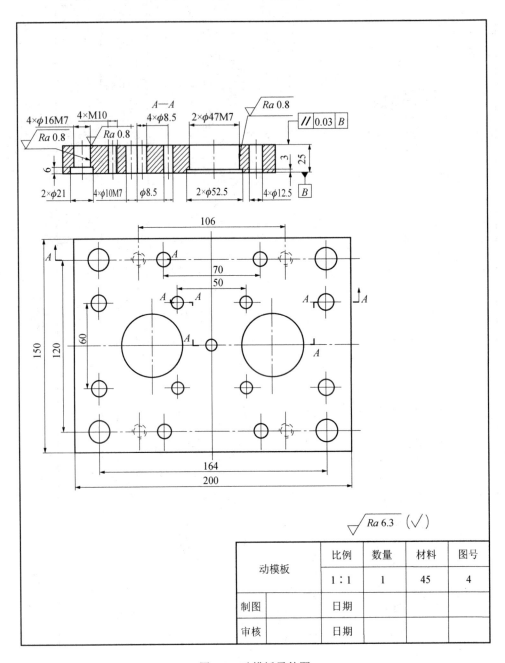

图 4-4 动模板零件图

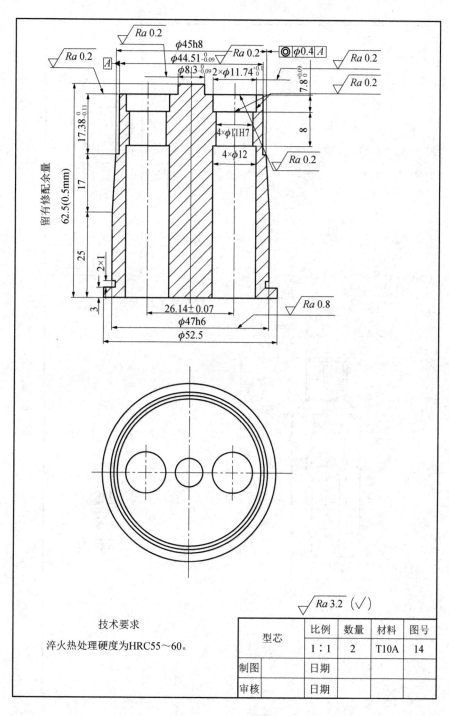

技术要求

淬火热处理硬度为HRC55～60。

型芯	比例	数量	材料	图号
	1：1	2	T10A	14
制图		日期		
审核		日期		

图 4-5 型芯零件图

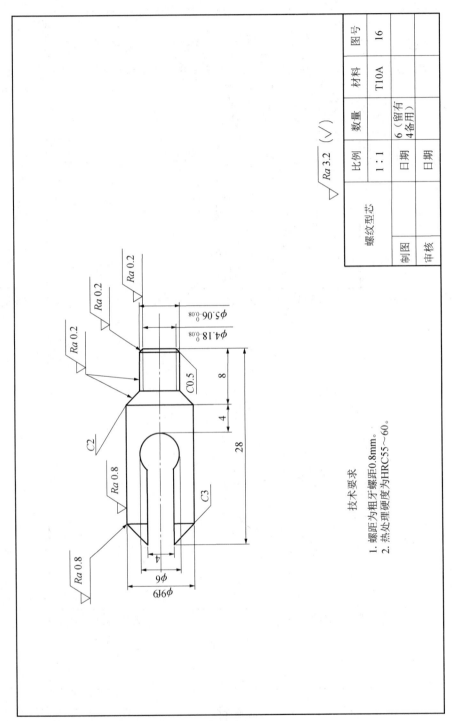

技术要求
1. 螺距为粗牙螺距0.8mm。
2. 热处理硬度为HRC55～60。

螺纹型芯	比例	数量	材料	图号
	1：1	6（留有4备用）	T10A	16
制图	日期			
审核	日期			

$\sqrt{Ra\,3.2}$ （$\sqrt{}$）

图 4-6　螺纹型芯零件图

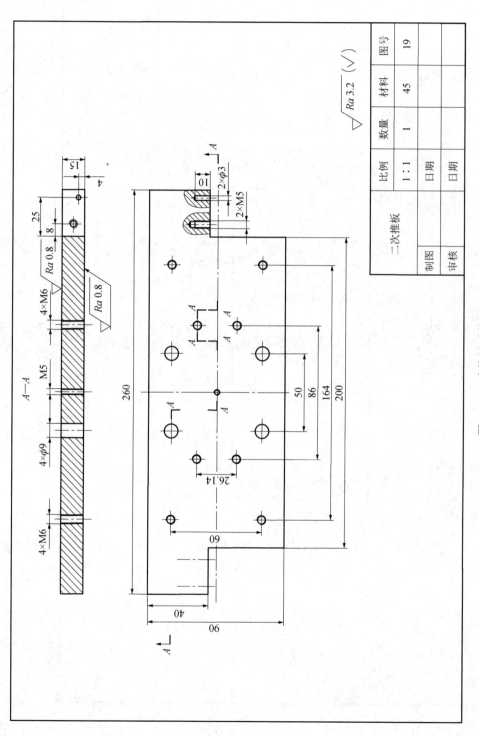

图 4-7　二次推板零件图

二次推板	比例	数量	材料	图号
	1：1	1	45	19
制图	日期			
审核	日期			

$\sqrt{Ra\ 3.2}$ （$\sqrt{}$）

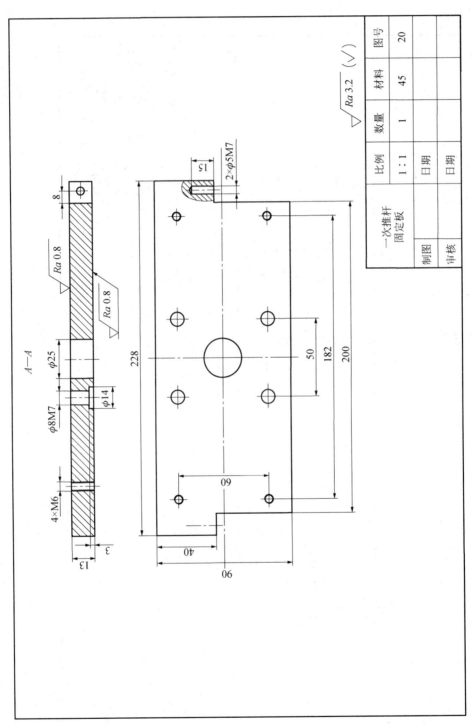

图 4-8　一次推杆固定板零件图

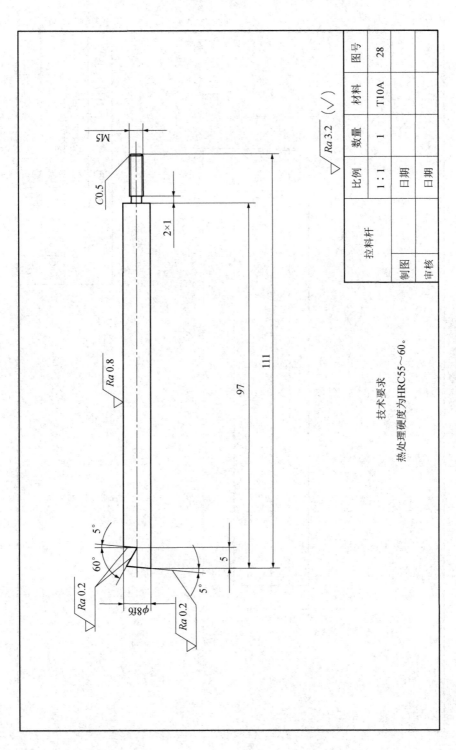

图 4-9 拉料杆零件图

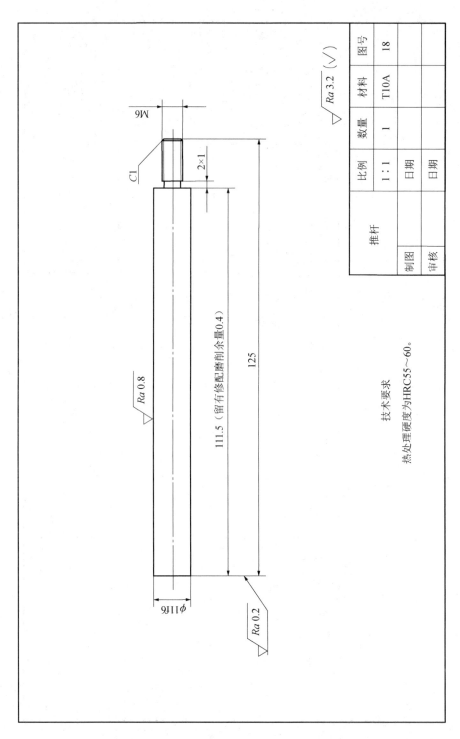

技术要求

热处理硬度为HRC55~60。

图4-10 推杆零件图

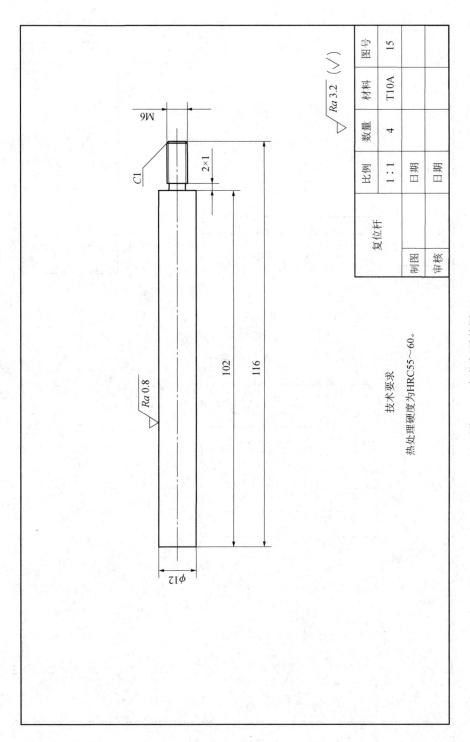

技术要求

热处理硬度为 HRC55～60。

图 4-11　复位杆零件图

复位杆			$\sqrt{Ra\,3.2}$ （$\sqrt{}$）		
比例	数量	材料	图号		
1：1	4	T10A	15		
制图	日期	日期			
审核	日期				

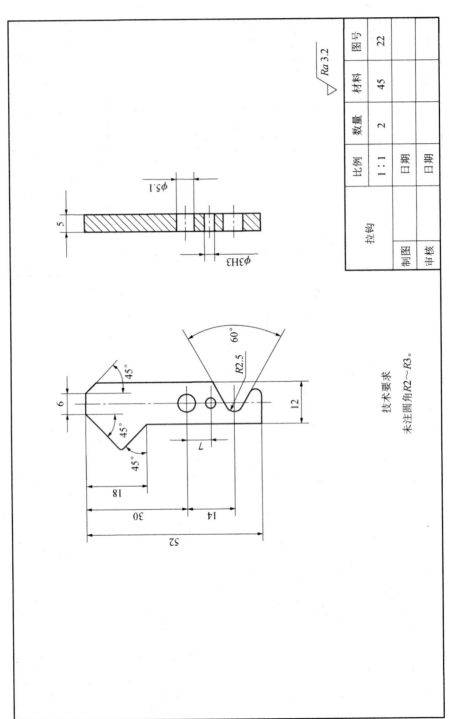

技术要求
未注圆角R2～R3。

图 4-12 拉钩零件图

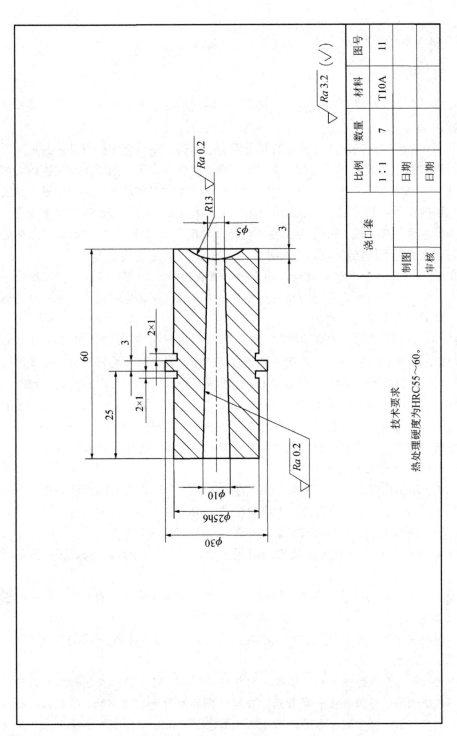

技术要求

热处理硬度为HRC55~60。

图 4-13 浇口套零件图

任务实施

一、工艺分析

识读模具图，对模具制造进行工艺分析，制定模具主要零件加工工艺路线和装配工艺过程。

从图 4-1 可知，该模具是单分型面两腔的注射模。塑料件内外形都是圆形，所以模具的型腔和型芯的成型面可用车、镗、铰、磨、研磨来加工。两型腔在定模板 6 和推件板 5 上，在两板的零件图（图 4-2 和图 4-3）可看到它们都是淬火硬度要求不高的板类件。它们的型腔孔尺寸 $\phi 50_{0}^{+0.16}$ mm 和 $\phi 56_{0}^{+0.1}$ mm 精度要求高，其余精度要求较高的孔尺寸是与其他零件配合的尺寸。由于零件热处理硬度不高（HRC43～48），可以热处理后通过精加工或磨削达到上述精度要求。它们的大致加工路线如下：

备料→刨长方形毛坯→磨两底面和两垂直侧面→划孔中心线和型腔轮廓线→粗铣型腔孔、中心孔→淬火热处理→精铣型腔孔、中心孔，使其达到尺寸要求或与其他件的配合→研磨抛光型腔的成型面。

图 4-5 所示型芯是轴类零件，要求精度高的尺寸是成型尺寸 $\phi 44.51_{-0.09}^{0}$ mm、$\phi 11.74_{0}^{+0.1}$ mm 和 $\phi 8.3_{-0.09}^{0}$ mm，其次精度要较高的是与其他件配合的尺寸。由于淬火热处理硬度较高（HRC55～60），所以淬火热处理后不能再切削加工，只能通过磨削和研磨达到要求的精度。为了保证 $\phi 47h6$、$\phi 44.51mm$、$\phi 45h8$、$\phi 8.3mm$ 的 3 个圆柱面的同轴度，必须一次装夹（统一基准）加工这 3 个圆柱面。它的大致加工路线如下：

备料→粗车毛坯→钻、镗（或铰）孔→淬火热处理→磨削内、外圆达要求尺寸或与其他件配合→研磨抛光成型面。

图 4-6 所示的螺纹型芯、图 4-9 所示的拉料杆、图 4-10 所示的推杆、图 4-11 所示的复位杆和图 4-13 所示浇口套都是硬度要求高（HRC55～60）的轴类件，可在淬火热处理后进行磨削加工达到其精度要求。它们的大致加工路线如下：

备料→粗车毛坯→淬火热处理→磨削达要求尺寸或与其他件配合→研磨抛光工作面。

图 4-4 所示的动模板、图 4-7 所示的二次推板、图 4-8 所示的一次推杆固定板都是不要求淬硬的板类件，其平面适用于刨削和磨削加工。

本模具是多腔中小型模，适宜以模板两垂直公共侧面为装配基准的装配方法。其主体装配工艺路线如下：

在定模板 6、推件板 5 和动模板 4 配作安装两工艺定位销→在 3 板压入工艺定位销后，一起磨两垂直基准侧面→拆开后，分别以公共侧面为基准，加工型腔孔或型芯固定孔→在定模板 6、推件板 5 和动模板 4 压入工艺定位销后配镗安装导柱。

从图 4-1 主视图可知，动模推出机构没有设置导向装置，而是推杆 29 和拉料杆 28 兼起着导向作用，在装配时要保证它们与动模板导向孔为 H7/f6 配合。动模安装的工艺路线如下：

在动模板 4、支承板 3、垫板 2、动模座板 1 配作安装连接螺钉和定位销钉→在动模板 4、支承板 3 和二次推板 19 配作加工推杆、拉料杆、复位杆的固定孔或通孔，接着安装推杆、拉料杆、复位杆→在二次推板安装拉钩 22、小轴 23、弹簧 24 和小销 25，在一次推杆固定板 20，安装钩销 26。

在图 4-1 主视图可看到动、定模完全闭合后，型芯 14 的小圆柱顶端面与定模板 6 的型腔顶面的间隙不能大于塑件的 ABS 的不溢料间隙 $Z=0.05$mm，否则注射时就会从间隙漏料致使塑件顶部 ϕ8mm 出现不通孔。解决此问题有两个方案。方案一是解尺寸链方法，就是以塑料的不溢料间隙 Z 为已知的封闭环，解算出型腔的深度、推件板和动模的厚度、型芯的高度的各组成环尺寸和偏差，然后按这些计算组成环尺寸和偏差要求加工各有关零件。用这样的零件装配成模就可以达到注射不溢料要求，但由于封闭环公差 Z 较小、组成环数目多（4 个），因此计算出各组成环公差很小，有关零件高度加工精度要求很高，增大了加工难度。方案二是修配法，在加工时，按一般经济加工精度要求加工各有关组成环高度尺寸，并在型芯高度尺寸（修配环）留有足够修配加工余量。待动模装配完成后，测量型芯伸出推件板的实际高度和定模板的型腔孔的实际深度，然后根据型芯顶端 0～0.05mm 间隙要求计算出在型芯高度应磨削去除余量，而后对型芯进行修磨。这个方案既不用繁杂的尺寸链计算，又不要求高精度加工各组成环零件。所以决定采用方案二修配法来保证达到这个装配精度要求。由于型芯 14 的总高度尺寸在修磨时不会影响其他高度成型尺寸，且这个高度尺寸容易磨削加工，所以取它作为修配环，在加工型芯时要留有足够磨削修配余量。

📖 三思而后行

1. 该模具是多腔模，且推件板的型腔和通型芯锥孔较复杂，能否采用以模具的主要零件（如型芯和型腔）为装配基准的方法来保证各模板对应的型腔孔、通型芯孔、型芯固定孔准确对准？应采用什么作为装配基准？

2. 如果以模板两相邻侧面作为装配基准，待各模板两底面磨削加工后，则应把哪几块模板夹紧配作加工工艺定位销孔（或导柱、导套固定孔）？在这几块板压入工艺定位销（或导柱、导套）后，应磨削哪些面作为各零件加工时划线和测量的基准？

3. 有关螺钉、定位销、推杆、拉杆、复位杆的各孔加工，是采用互换法还是配作法？

4. 为了保证该模具完全闭合时，型芯 14 上小端面既不会顶着定模板 6 的型腔上顶面，又不致使两者之间产生溢料，根据现有车间设备，应采用互换法还是修配法？如果采用修配装配法，又应选择哪个零件作为修配件（环）？

二、编写模具主要零件的加工工艺卡

各主要零件的加工工艺卡见表 4-1～表 4-5，其中工序简图中"✓"所指的面是本工序的加工面，加工余量可查附表 4。至于其他非主要零件，可根据图 4-1 所示装配图，通过购买或简单加工而得。

1. 定模板（图 4-2）的加工工艺卡（表 4-1）

表 4-1　定模板的加工工艺卡

工序号	工序名称	工序内容	设备	简图
1	备料锻造	锯料后锻造成长方体毛坯 206mm×156mm×31mm，留单面刨削余量 3mm		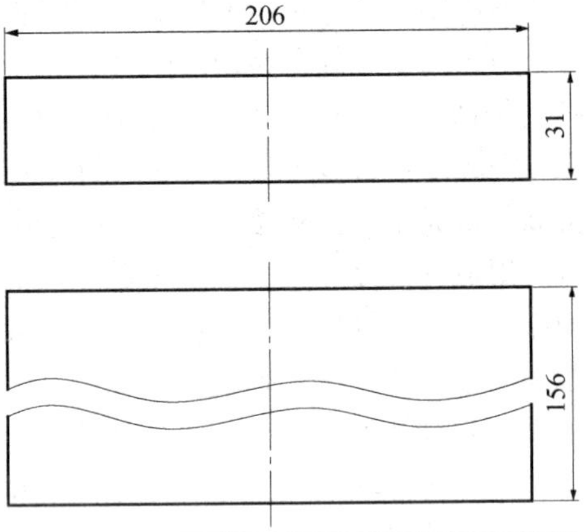
2	热处理	退火		
3	刨削	刨六面体至尺寸 200.6mm×150.6mm×25.6mm，留单面磨削余量 0.3mm	刨床	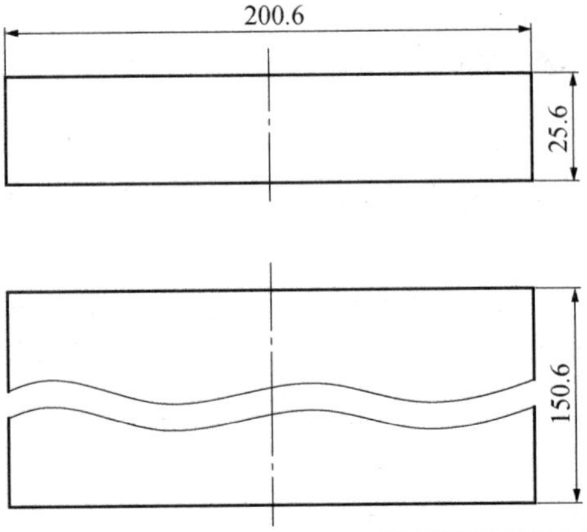
4	磨平面	磨上、下底面至尺寸 25.4mm，留单面精磨余量 0.2mm	平面磨床	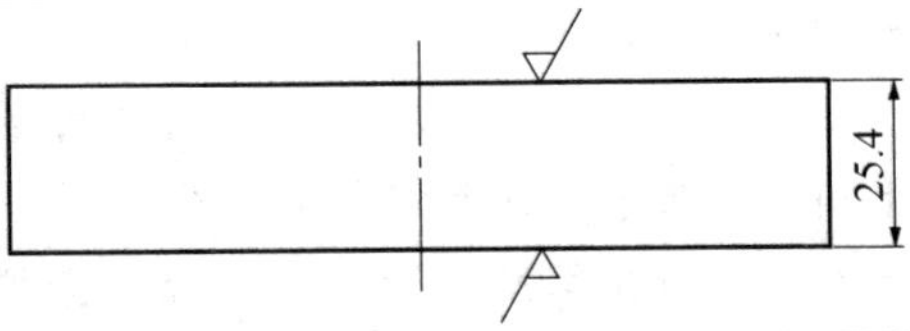

续表

工序号	工序名称	工序内容	设备	简图
5	钳工装定位销和磨基准面	1）把定模板 6、推件板 5 和动模板 4 重叠放置并找正，夹紧后在 3 板配钻、铰 2 个 ϕ8M7 工艺定位销孔，然后压入两定位销，如右图所示 2）配磨 3 板两相邻侧面互相垂直，作为加工和装配基准面	平面磨床	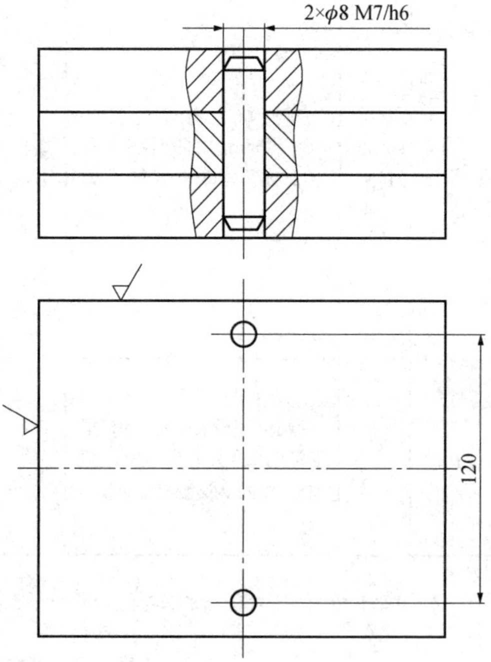
6	钳工划线	以已磨过的相邻两侧面为基准，划出两型腔孔、浇口套孔、螺钉孔的中心位置，划出型腔孔、浇口套孔的轮廓线		
7	粗镗孔	以两垂直侧面为测量基准，镗两型腔孔至直径 ϕ49.96mm，深 17.3mm，中心孔 ϕ24.96mm，留有单面研磨余量 0.02mm，深度留有单面磨削余量 0.1mm	数控铣床	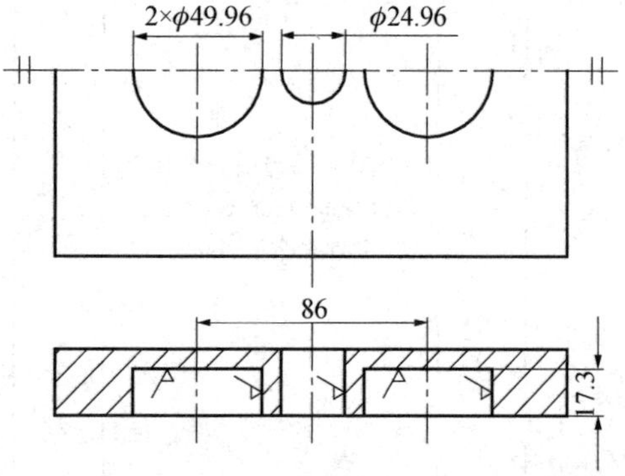
8	热处理	淬火，回火，使硬度达 HRC43～48		

工序号	工序名称	工序内容	设备	简图
9	精镗孔和研磨抛光	数控精镗型腔达尺寸 $\phi 50^{+0.16}_{0}$ mm，数控精镗中心孔 $\phi 25M7$ 与浇口套配合为 M7/h6，然后研磨抛光成型面	数控铣床	
10	磨平面	磨上、下两底平面，保证型腔深度尺寸为 $17^{+0.13}_{0}$ mm，留有 0.25mm 为装配磨削余量	平面磨床	

2. 推件板（图 4-3）的加工工艺卡（表 4-2）

表 4-2　推件板的加工工艺卡

工序号	工序名称	工序内容	设备	简图
1	备料锻造	锯料后锻造成长方体毛坯 206mm×156mm×26mm，留单面刨削余量 3mm		
2	热处理	退火		

工序号	工序名称	工序内容	设备	简图
3	刨削	刨六面体至尺寸 200.6mm×150.6mm×20.6mm，留单面磨削余量 0.3mm	刨床	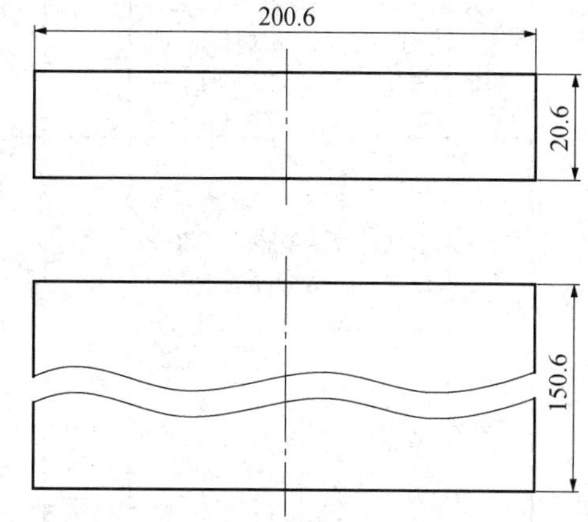
4	磨平面	磨上、下底面至尺寸 20.4mm，留单面精磨余量 0.2mm	平面磨床	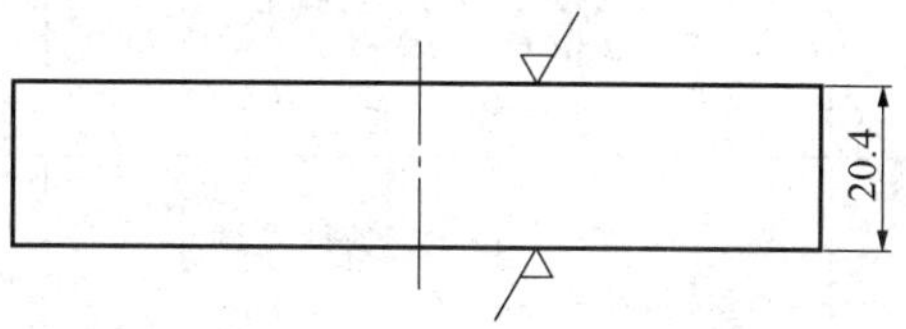
5	钳工装定位销和磨基准面	1）把定模板 6、推件板 5 和动模板 4 重叠放置并找正，夹紧后在 3 板配钻、铰两个 ϕ8M7 工艺定位销孔，然后压入两定位销，如右图所示 2）配磨 3 板两相邻侧面互相垂直，作为加工和装配基准面	平面磨床	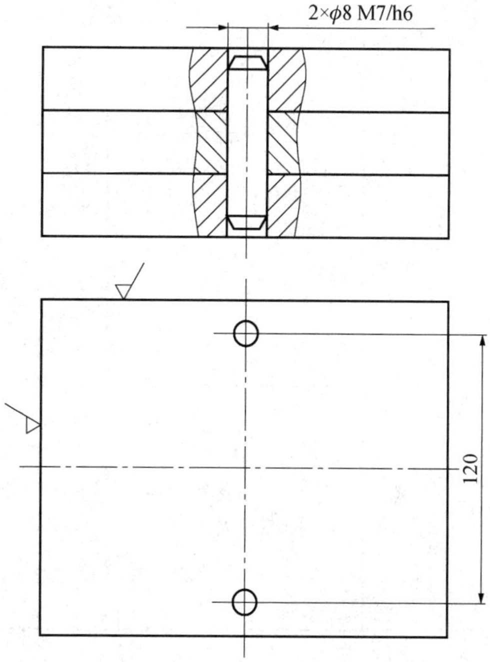

工序号	工序名称	工序内容	设备	简图
6	钳工划线	以相邻两侧面为基准，划出两大型腔孔、拉料杆孔的中心位置，划出型腔孔、拉料杆孔、分流道的轮廓线		
7	粗镗孔	1）以两垂直侧面为测量基准，镗两型腔孔至直径ϕ55.96mm，留有单面研磨余量0.02mm，深度为2.95mm，留有单面磨削余量0.1mm 2）以两垂直侧面为测量基准，镗两锥孔至尺寸ϕ45F8和2×ϕ47F8，保证它们与型芯配合为F8/h8 3）钻、铰拉料杆孔至尺寸ϕ10H7	数控铣床	2×ϕ55.96 ϕ10H7 2×ϕ47F8 2.95 2×ϕ45F8 86
8	热处理	淬火，回火，使硬度达HRC43～48		
9	铣分流道和精镗、研磨型腔	1）铣削分流道、浇口后将它们研磨 2）精镗、研磨型腔达尺寸$\phi56^{+0.1}_{0}$ mm	数控铣床	2×$\phi56^{+0.1}_{0}$
10	磨平面	磨上、下两底面，并保证型腔深度尺寸为$2.85^{+0.06}_{0}$ mm	平面磨床	$2.85^{+0.06}_{0}$

3. 动模板（图 4-4）的加工工艺卡（表 4-3）

表 4-3　动模板的加工工艺卡

工序号	工序名称	工序内容	设备	简图
1	备料锻造	锯料后锻造成长方体毛坯 206mm× 156mm× 31mm，留单面刨削余量 3mm		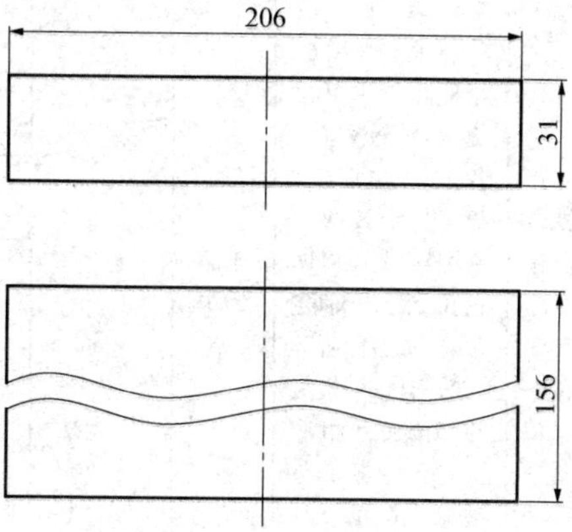 206 31 156
2	热处理	退火		
3	刨削	刨六面体至尺寸 200.6mm×150.6mm× 25.6mm，留单面磨削余量 0.3mm	刨床	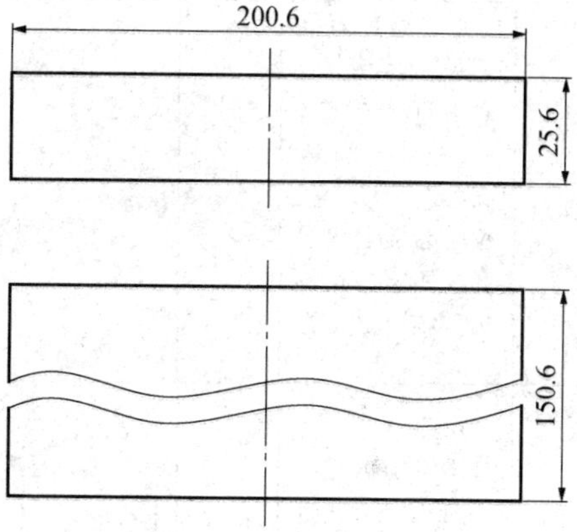 200.6 25.6 150.6
4	磨平面	磨上、下底面至尺寸 25mm	平面磨床	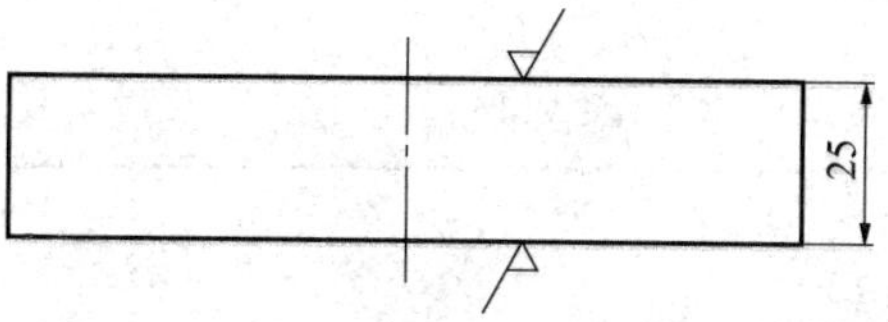 25

工序号	工序名称	工序内容	设备	简图
5	钳工装定位销和磨基准面	1）把定模板6、推件板 5 和动模板 4 重叠放置并找正，夹紧后在 3 板配钻、铰两个 φ8M7 工艺定位销孔，然后压入两定位销，如右图所示 2）配磨 3 板两相邻侧面互相垂直，作为加工和装配基准面	平面磨床	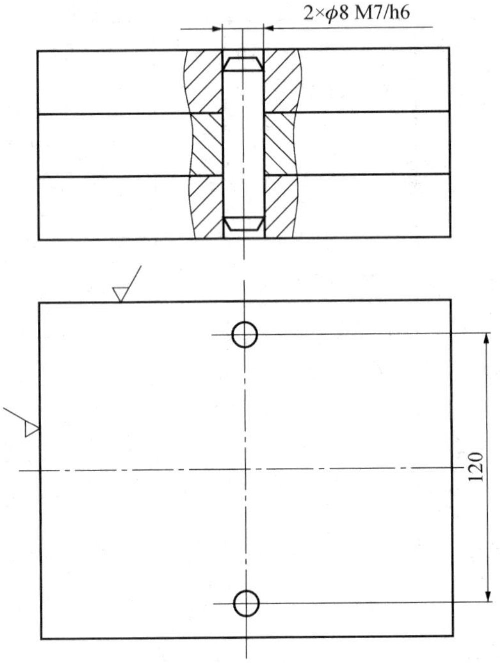
6	钳工划线	以已磨过的相邻两侧面为基准，划出两型芯固定孔、拉料杆孔、螺孔、定位销孔、复位杆孔、导柱固定孔的中心位置，划出型芯固定孔的轮廓线		
7	镗孔	1）钻中心拉杆孔 φ10.5mm 2）以两垂直侧面为测量基准，镗两型芯固定孔 φ47M7，使其与型芯配为 M7/h6	数控铣床	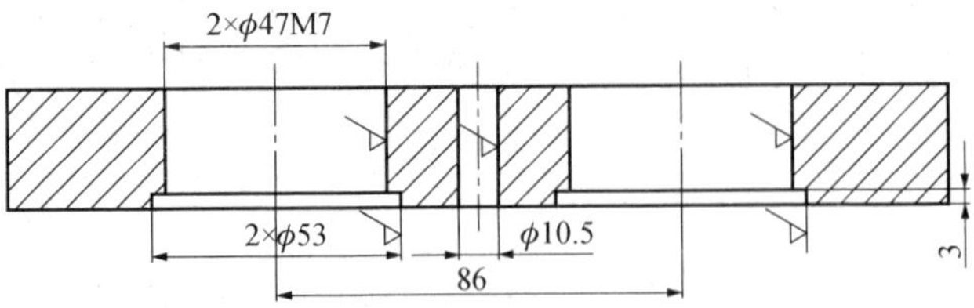

4. 型芯（图 4-5）的加工工艺卡（表 4-4）

表 4-4　型芯的加工工艺卡

工序号	工序名称	工序内容	设备	简图
1	备料	锯两棒料 ϕ58mm×78mm，径向和长度方向都留有单面车削余量 3mm，留有夹头长 10mm	锯床	
2	车削外圆	1）车平夹头的端面，车削夹头和凸肩外圆直径至 ϕ52.5mm 2）掉头夹持夹头，车平另一端面，车削外圆分别至尺寸为 ϕ8.34mm、ϕ44.55mm 和 ϕ45.04mm，留有单面研磨余量 0.02mm，车削外圆至 ϕ47.3mm，留有单面磨削余量 0.15mm 3）车退刀槽 2mm×1mm，在夹头和型芯凸肩间切槽 ϕ5mm×3mm	卧式车床	
3	钻、铰孔	1）以外圆为基准，在上端面划出 ϕ11.74mm 的两孔中心位置，在此两位置钻出 ϕ10.7mm 的两孔，然后用铰刀铰出 ϕ11mm 的两孔，用成型刀扩 ϕ11.78mm 的两小型腔孔 2）掉头夹紧，用钻头扩 ϕ12mm 的两孔	数控铣床	
4	热处理	淬火，回火，保证硬度达 HRC55～60		

续表

工序号	工序名称	工序内容	设备	简图
5	磨外圆和研磨	1）夹持夹头，磨外圆 ϕ47h6 2）夹持夹头，研磨圆锥面、大圆柱成型面、小圆柱成型面、小型腔孔面达尺寸要求	外圆磨床	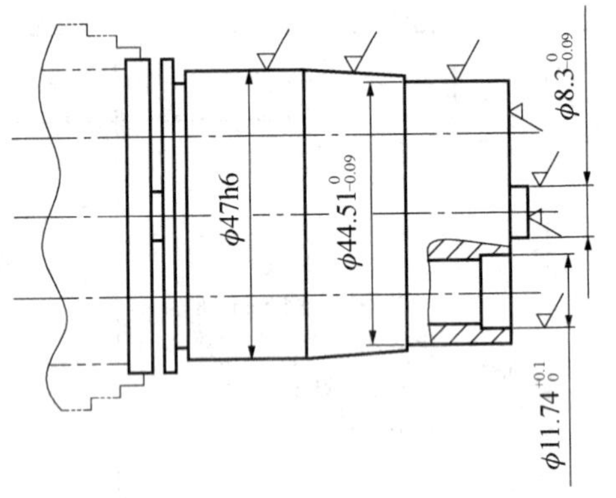

5. 浇口套（图4-13）的加工工艺卡（表4-5）

表4-5 浇口套的加工工艺卡

工序号	工序名称	工序内容	设备	简图
1	备料	锯圆棒料 ϕ36mm×66mm，径向和长度都留单面车削余量 3mm		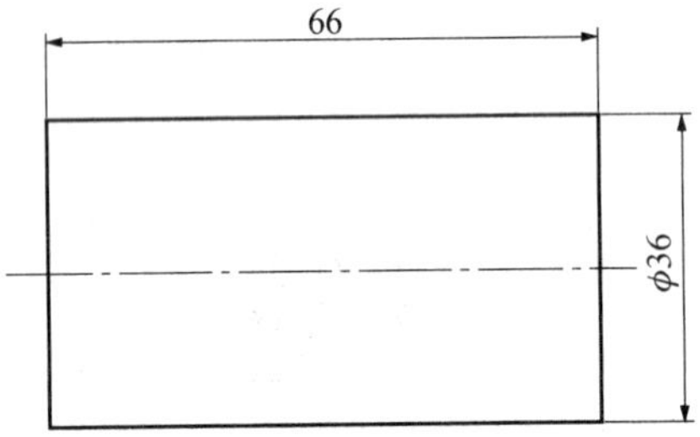
2	车削	1）车平一端面，车削外圆 ϕ25.3mm×25mm，径向留有单面磨削余量 0.15mm，车削主流道锥孔 2）掉头夹持另一头，车削凸肩 ϕ29.5mm×2.8mm，车削外圆 ϕ25.3mm，留有径向单面磨削余量 0.15mm，车削两退刀槽 2mm×1mm，车平另一端面和 SR13mm 的凹球面	卧式车床	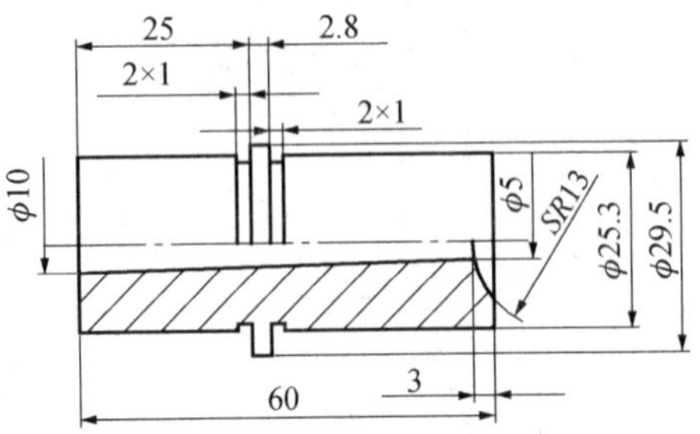
3	热处理	淬火，回火，保证硬度达 HRC55～60		

续表

工序号	工序名称	工序内容	设备	简图
4	磨外圆	磨削外圆至尺寸 ϕ 25h6	外圆磨床	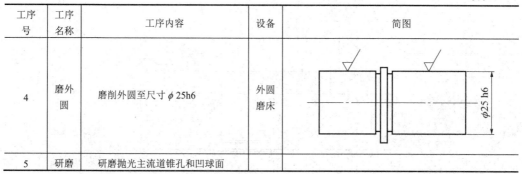
5	研磨	研磨抛光主流道锥孔和凹球面		

三、二次推出塑料注射模的装配

1. 定模装配

用钻头在定模板 6 的浇口套压入孔口处扩出倒角，接着将浇口套 11 压入定模板孔内，然后把它们翻转过来，把定模板放置在两等高垫块上，在浇口套的下端面放置可调支承，调转螺旋可调支承的高度，使浇口套凸肩端面紧贴定模板底面，如图 4-14 所示，用平面磨床把浇口套端面和定模板底面一起磨平。

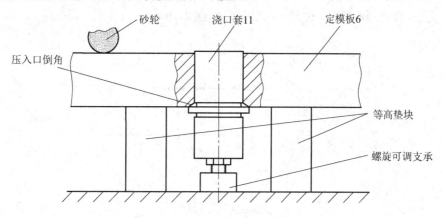

图 4-14 将浇口套端面和定模板的底面一起磨平

将压入浇口套的定模板翻转过来,在浇口套另一头先后套上定模座板 7 和定位圈 13 后找正，然后用平行夹具把定模板、定模座板、定位圈夹紧，如图 4-15 所示。然后在定模座板和定模板配钻 4 个 ϕ 8.5mm 螺纹底孔，在定位圈和定模座板配钻 3 个 ϕ 4.2mm 螺纹底孔。

拆开后，在定模板攻 4 个 M10 螺孔，在定模座板扩 4 个 ϕ 10.3mm 螺钉通孔和 4 个 ϕ 16mm×8mm 沉孔，在定模座板攻 3 个 M5 螺孔，在定位圈扩 3 个 ϕ 5.3mm 螺钉通孔。

用螺钉将定模座板和定模板连接紧后配钻、铰 4 个 ϕ 10mm 定位销孔，在定模打入定位销。用螺钉把定位圈安装在定模座板上。

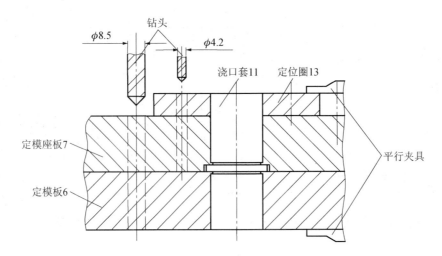

图 4-15　配钻定模连接螺钉和定位圈安装螺钉的螺纹底孔

2．动模装配

用锤子将两型芯 14 的夹头敲除，然后将它们按其两推杆孔的中心连线垂直于分流道连线的方向压入动模板 4 的 2 孔内，在它们后端骑缝处钻 ϕ3mm 防转销孔，打入防转销后，将型芯端面和动模板底面一起磨平，如图 4-16 所示。

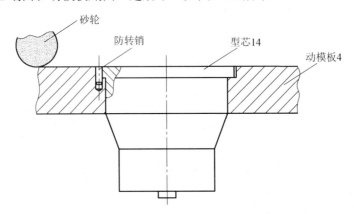

图 4-16　把型芯端面和动模板底面一起磨平

在装有两型芯 14 的动模板 4 上放置推件板 5 和定模板 6，并用前面加工用过的两工艺定位销定位后，用平行夹具把 3 板夹紧，然后将它们倒放后，用 ϕ11mm 钻头分别通过型芯 4 个推杆孔在定模板引钻出锥窝，如图 4-17 所示。拆出定模板 6，用螺钉和定位销将定模板和定模座板 7 连接紧，然后在两个锥窝处分别钻、铰出两个 ϕ9H9 深 20mm 安放螺纹型芯的孔，在另两锥窝处钻、铰两个 ϕ5H7 的固定嵌件定位杆孔，再拆出定模座板，扩大两个 ϕ8.3mm 深 3.2mm 安放嵌件定位杆凸肩的孔。

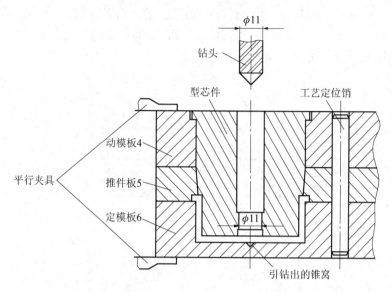

图 4-17　通过型芯的 4 个 ϕ11mm 孔在定模板引钻出锥窝

　　将动模板 4 和推件板 5 重叠放置，在两板压入两工艺定位销后夹紧，在两板配钻拉料杆螺纹底孔 ϕ4.2mm 和 4 个复位杆螺纹底孔 ϕ5.3mm，如图 4-18 所示。拆开后，在推件板扩、铰拉料杆孔 ϕ10mm 和 4 个复位杆孔 ϕ12mm。

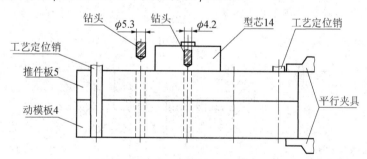

图 4-18　在推件板和动模板配钻拉料杆和复位杆的底孔

　　将动模座板 1、垫板 2、支承板 3 和动模板 4 重叠放置后找正，用平行夹具将 4 块板夹紧，配钻 4 个 ϕ8.5mm 螺纹底孔，如图 4-19 所示。拆开后，在动模板攻 4 个 M10 螺孔，在支承板、垫板、动模座板扩 4 个 ϕ10.3mm 螺钉通孔，在动模座板底部扩 4 个 ϕ16mm 深 15mm 沉孔。最后用螺钉将动模 4 板连接紧，配钻、铰 4 个 ϕ10mm 定位销孔。

　　取出装有型芯的动模板 4 和支承板 3，在两板压入 4 支圆柱销 30 后，将它们放置在一次推杆固定板 20 和二次推板 19 上，找正后用平行夹具将 4 块板夹紧，如图 4-20 所示，用 ϕ7.8mm 的钻头在动模板、支承板、二次推板和一次推杆固定板钻出 4 个通推杆 29 的底孔。用 ϕ4.2mm 的钻头通过动模板已钻出的孔，在支承板 3、二次推板和一次推杆固定板引钻拉料杆中心底孔。用 ϕ5.3mm 的钻头通过动模板已钻出的孔，在支承板 3 和二次推板引钻 4 个复位杆底孔。用 ϕ11.74mm 钻头通过型芯的孔在支承板引钻推杆通孔，并在二次推板引钻出锥窝。

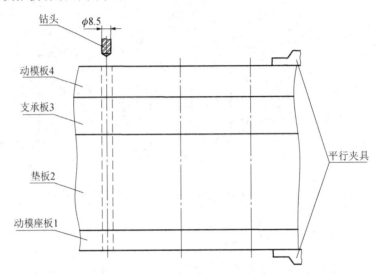

图 4-19　在动模板、支承板、垫板、动模座板配钻螺纹底孔

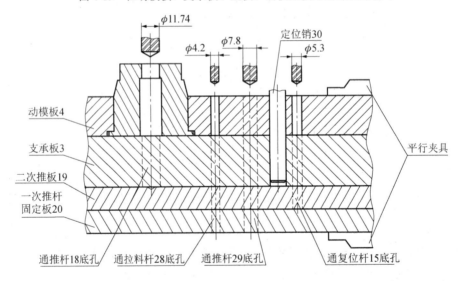

图 4-20　钻出推杆、拉料杆、复位杆的底孔

拆开后，在动模板和支承板一起扩 ϕ8.5mm 拉料杆通孔和 4 个 ϕ12.5mm 复位杆通孔，在动模板铰 4 个 ϕ8mm 推杆孔，在支承板扩 4 个 ϕ8.5mm 推杆通孔和 4 个 ϕ12mm 推杆通孔。

根据引钻出的锥窝在二次推板钻 4 个 ϕ5.3mm 螺纹底孔，并扩 4 个 ϕ8.5mm 推杆通孔，然后在二次推板攻出 8 个 M6 固定推杆和复位杆的螺孔，攻 M5 固定拉料杆螺孔。

在一次推杆固定板扩 4 个 ϕ10mm 深 3mm 推杆凸肩孔，铰 4 个 ϕ8mm 推杆孔。然后将 4 支推杆压入固定板后一起磨平下底面。

将一次推板 21 和一次推杆固定板 20 找正并夹紧，配钻 4 个连接螺纹底孔 ϕ5.3mm，拆开后，在一次推板扩 4 个 ϕ6.3mm 通螺孔和 4 个 ϕ10mm 深 6mm 沉孔，在一次推杆固定板攻 4 个 M6 螺孔。用螺钉将一次推板和一次推杆固定板连接紧，在两板钻、扩中心孔 ϕ25mm。

在二次推板两侧面钻、攻两个 M5 的小轴 23 安装螺孔，钻两个 ϕ3mm 小销 25 安装孔，在一次推杆固定板 20 两侧面钻两个 ϕ5mm 钩销 26 安装孔。

3. 安装导柱

取出动模板 4、推件板 5 和定模板 6 重叠放置并压入工艺定位销定位后，将 3 板夹紧，在动模板配钻、镗安装 4 个 ϕ16M7 导柱孔。在定模板和推件板配钻、镗 4 个 ϕ16FT 导柱通孔。拆开后，在动模板底部扩 4 个 ϕ21.5mm 深 6.5mm 沉孔，然后将 4 支导柱压入动模板后，把动模板底面和导柱下端面、型芯下端面一起磨平。

利用定模板 6 的 4 个导柱孔，在定模座板 7 上引钻出锥窝，然后根据锥窝位置在定模座板钻 4 个 ϕ17mm 导柱通孔。

4. 模具总装和修配

步骤 1　将浇口套 11 和嵌件定位杆 17 压入定模板 6 孔内，再放上定模座板 7 后，用螺钉和定位销将两板连接紧，然后将定位圈 13 套在浇口套上部，最后用螺钉把定位圈安装在定模座板上。

步骤 2　将装入导柱 8 和型芯 14 的动模板 4 倒放，再在其上面倒放上支承板 3，接着将装有拉料杆 28、推杆 18、复位杆 15 的二次推板 19 和装有推杆 29 的一次推杆固定板 20 倒放在支承板上，并使各杆插入两板相应的孔内，再盖放上一次推板 21 后，用螺钉将一次推杆固定板和一次推板连接紧，然后在支承板放上两垫板 2 和动模座板 1，最后用螺钉和定位销将动模 4 板连接紧。

用小轴 23 将拉钩 22 安装在二次推板上，在拉钩 22 和二次推板侧面压入小销 25，并在两小销装上弹簧，在一次推杆固定板 20 侧面压入钩销 26。

步骤 3　以已装好的动模的后侧面为支承面来摆放，通过导柱导向将推件板 5 放在动模板 4 一侧，接着在动模座板 1 的中心孔插入一顶杆，接连敲击顶杆使推出机构移动，观察推出机构运动是否灵活，拉钩机构拉脱过程是否顺畅。然后检查完全合模状态时，各推杆和复位杆的端面是否低于分型面 0～0.5mm，如达不到上述要求，则要进行修整。

步骤 4　将推件板 5 套上动模的型芯 14，检查两板完全贴合时型芯上大端面到推件板上平面的距离是否达到 $(17.38 - 2.85)^{0}_{-0.11}\text{mm} = 14.53^{0}_{-0.11}\text{mm}$，如图 4-21（a）所示。如果达不到，则通过修磨推件板平面或型芯上大端面使其达到要求。

　　为了保证塑件 ϕ8mm 小孔为通孔，则要求模具闭合后，型芯小端面与定模板 6 型腔上底面的间隙 $A_0\leq$塑料的不溢料间隙 0.05mm，即 $A_0=0\sim0.05$mm，如图 4-21（b）所示。这样，为了达到要求的间隙，必须对型芯的小端面进行修磨，其过程是先测量定模板型腔实际的深度尺寸 H，H 要求尺寸为 $16.74^{+0.13}_{0}$mm，假如测量得 H 的实际尺寸为 16.8mm 和型芯小端面伸出推件板实际高度 $h=17$mm，则通过磨削去型芯小端面修配余量 0.2～0.25mm，即磨削后使型芯伸出推件板的高度 h 在 16.8～16.75mm 范围内就可达到要求。

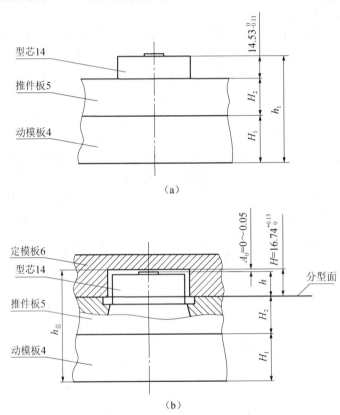

图 4-21　检测和修配型芯高度尺寸

5．试模

　　将已安装好的二次推出塑料注射模安装在注射机上，然后将从附表 7 查出注制所需的压力、时间、温度等有关参数输入注射机，并注制出塑料件。检查该件是否达到图 4-1 右上角的塑料件的尺寸精度等要求。

　　在试模时，如果出现某些缺陷或故障，可根据观察到的缺陷或故障现象在附表 8 中查出其产生的原因和修改方法，然后对模具和注制参数进行整改。

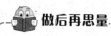
做后再思量

1. 在动模装配时，为什么把型芯 14 压入动模板 4 孔内，并在它们骑缝处安装防转销后，才能通过型芯 14 的孔在定模板 6 引钻嵌件定位杆 17 和螺纹型芯 16 的固定孔？

2. 在图 4-14 中，为什么用螺旋可调支承顶着浇口套才将定模板 6 底面和浇口套端面一起磨平？装配后，由于浇口套凸肩与定模座板 7 的凸肩孔在高度方向有间隙，浇口套可以作轴向移动，合模注射时，注射压力作用是否会将浇口套推向注射机喷嘴方向，而致使浇口套端面与定模板底面不平齐？（提示：注射时，注射机喷嘴对浇口套有推压作用。）

3. 在本制造方案中，应采用互换装配法还是修配装配法来保证图 4-21（a）的尺寸 $14.53_{-0.11}^{0}$ mm 和图 4-21（b）的尺寸 $A_0 = 0 \sim 0.05$ mm？为什么？

4. 在图 4-21（b）中，如果型芯高度 $h_{总}$ 留下修配余量不足，致使修配时测量的定模板型腔实际深度 H 比型芯伸出推件板高度 h 大于 0.5mm 以上，是否还可以通过修磨型芯的高度来达到装配间隙的要求？为了达到装配间隙要求 $A_0 = 0 \sim 0.5$ mm，是否可以通过磨削定模下底面来减少型腔深度 H；或者通过磨削推件板或动模板底平面来增加型芯伸出量 h？为什么？（提示：磨这些零件时，是否会引起型腔深度尺寸 H 或大型芯高度尺寸 h_1 的变化？H 和 h_1 的尺寸是否允许改变？）修配时，如果测量的定模板型腔实际深度 H 比型芯伸出推件板高度 h 大于 0.5mm 以上，应采用什么改正措施来修配最为简便？（提示：可先在型芯 14 中心加工 $\phi 8.3$ mm 孔，然后在孔内镶嵌入留有足够修配余量的小型芯，再进行修配。）

考核评价

完成制造任务后，请按表 4-6 进行考核评价，总评价结果可分为 5 个等级，即优、良、中、合格和不合格。

表 4-6 制造二次推出塑料注射模的评价表

评价项目	评价内容标准	配分	评价结果		
			自评	组评	教师评
零件加工和模具装配方案的合理性	1）制定的机加工和模具装配方案合理	20			
	2）制定的工艺方案具有良好经济效益和可操作性	5			
	3）制定的工艺方案条理清楚，工序尺寸标注完整、合理	5			
模具制造质量（通过检测该模具注制出的塑件得出）	1）注制出的塑件内外形尺寸在图样允许的尺寸范围才得此分	20			
	2）注制出的塑件无明显溢料飞边和强行推出擦伤迹才得此分	10			
	3）注制出的塑件表面粗糙度值≤Ra0.4μm 才得此分	10			

评价项目	评价内容标准	配分	评价结果		
			自评	组评	教师评
完成制造任务的速度和工作态度	1）按时完成机加工和装配任务	10			
	2）操作机床加工和装配的熟练程度	10			
	3）能与同学交流加工方法和装配经验，协作精神好	5			
	4）遵守车间安全操作规程	5			
综合评价	评语（优缺点与改进措施）：	合计			
		总评成绩（等级）			

知识链接

一、模具装配精度与有关装配件的尺寸精度的关系

模具是由模具的零件装配而成的。显然所有有关装配件的加工误差的累积就形成了模具装配的误差，有关装配件的加工误差越小，用这些装配件装配成的模具的误差就越小。也就是说，有关装配件的加工精度越高，装配出的模具精度越高。因此，为了达到模具某个装配精度要求，就必须规定或控制有关装配件的尺寸的加工误差在一定范围内。

对于某些要求较高的装配精度，由于其公差较小且有关零件尺寸数目多，如果完全按照控制零件中相关尺寸的误差来保证配合精度，则零件的加工精度将会要求很高，给加工带来很大困难，大大增加了制造成本。此种情况下，为了减少加工困难，则常按一般经济加工的精度来加工零件，最后装配时再采用修配的方法来保证其装配精度。

二、模具装配尺寸链

既然模具零件的加工精度会直接影响模具装配精度，那么在制定模具制造工艺时，首先要分析模具装配公差与有关装配件的加工误差的关系。要做到这点，必须用到尺寸链这一工具。

1. 装配尺寸链的概念

01 装配尺寸链的建立

装配尺寸精度要求（常以尺寸公差来表示）与影响该精度的有关装配件的尺寸按一定顺序首尾相接构成一个封闭的尺寸链，这个尺寸链称为装配尺寸链。如图 4-22（a）所示的冲裁凸模和弹性卸料板的装配图，要求装配后应保证凸模下端面缩入卸料板下平面的距离为 $A_0=0.2\sim0.8$mm，以保证冲裁后能顺利完成卸料。A_0 直接受到尺寸

$A_1 = 60_{-0.25}^{\ 0} \, \text{mm}$、　$A_2 = 15_{-0.08}^{\ 0} \, \text{mm}$、　$A_3 = 55_{-0.15}^{\ 0} \, \text{mm}$、　$A_4 = 20_{-0.12}^{\ 0} \, \text{mm}$ 的影响，从 A_0 两端出发，按首尾相接的顺序就连接出如图 4-22（b）所示的装配尺寸链。

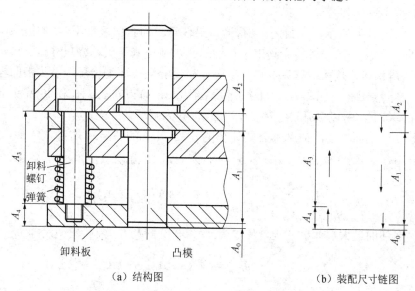

（a）结构图　　　　　　　　　　　　　（b）装配尺寸链图

图 4-22　冲裁凸模和弹性卸料板的结构图以及它的装配尺寸链

02 装配尺寸链的组成

组成装配尺寸链的每一个尺寸称为装配尺寸链的环。

在装配过程中，间接得到或最后形成的尺寸称为封闭环，用 A_0 表示。封闭环往往是装配精度要求或技术条件要求的公差。如图 4-22（a）中的 $A_0 = 0.2 \sim 0.8\text{mm}$。

在装配过程中，直接得到的尺寸称为组成环，用 A_i 表示，组成环往往是有关装配件的尺寸，如图 4-22（a）中的 A_1、A_2、A_3、A_4 的尺寸。

装配尺寸链中组成环的尺寸变化必然引起封闭环的尺寸变化。当某组成环尺寸增大（其他组成环尺寸不变）时，封闭环尺寸也随之增大，则该组成环为增环，如图 4-22 中 A_3 和 A_4。当某组成环尺寸增大（其他组成环尺寸不变）时，封闭环反而随之减小，则该组成环称为减环，如图 4-22 中的 A_1 和 A_2。

2．装配尺寸链的计算

尺寸链的计算目的是求出尺寸链中某些未知环的公称尺寸及其上、下偏差。计算方法有极值法（或称极大法、极小法）和概率法。在模具装配尺寸链计算中主要采用极值法。

01 确定封闭环和查找组成环

首先根据装配过程中间接得到或间接形成的尺寸来确定封闭环，接着从封闭环两端出发，把装配图中有关装配的尺寸首尾相接连成一个封闭尺寸链。在图 4-22（a）的装配过程中，A_1、A_2、A_3、A_4 是零件的尺寸，在装配前已加工出来的现有尺寸，仅 A_0 是装配后间接得到的尺寸，故应确定 A_0 为封闭环。然后从 A_0 两端出发，按首尾相接把所有有关装配件尺寸找出来作为组成环，画出封闭的装配尺寸链，如图 4-22（b）所示。有可能画出若干条尺寸链，在计算时应选一条环数较少的作为计算尺寸链。

02 辨别增环和减环

如图 4-22（b）所示，在封闭环 A_0 旁，沿任意方向画出平行于 A_0 的箭头，然后沿此箭头方向，依次在每一组环旁画出平行的箭头，使这些箭头环绕尺寸链一周，则根据下面的方法辨别增、减环：箭头指向与封闭环相反的组成环为增环，箭头指向与封闭环相同的组成环为减环。如图 4-22（b）所示，A_3 和 A_4 箭头向上，A_1 和 A_2 箭头向下，封闭环 A_0 箭头向下，所以 A_3 和 A_4 为增环，A_1 和 A_2 为减环。

03 利用下面极值法的基本公式计算图 4-22（b）的装配尺寸链

1）封闭环的公称尺寸 A_0 =增环公称尺寸 $\overrightarrow{A_i}$ 的和 – 减环公称尺寸 $\overleftarrow{A_i}$ 的和。

$$A_0 = \sum_{i=1}^{m} \overrightarrow{A_i} - \sum_{i=m+1}^{n-1} \overleftarrow{A_i} = (A_3 + A_4) - (A_1 + A_2)$$

2）封闭环的最大尺寸 $A_{0\max}$ =增环最大尺寸 $\overrightarrow{A_{i\max}}$ 的和 – 减环最小尺寸 $\overleftarrow{A_{i\min}}$ 的和。

$$A_{0\max} = \sum_{i=1}^{m} \overrightarrow{A_{i\max}} - \sum_{i=m+1}^{n-1} \overleftarrow{A_{i\min}} = (A_{3\max} + A_{4\max}) - (A_{1\min} + A_{2\min})$$

3）封闭环的最小尺寸 $A_{0\min}$ =增环最小尺寸 $\overrightarrow{A_{i\min}}$ 的和 – 减环最大尺寸 $\overleftarrow{A_{i\max}}$ 的和。

$$A_{0\min} = \sum_{i=1}^{m} \overrightarrow{A_{i\min}} - \sum_{i=m+1}^{n-1} \overleftarrow{A_{i\max}} = (A_{3\min} + A_{4\min}) - (A_{1\max} + A_{2\max})$$

4）封闭环的上偏差 $B_s A_0$ =增环上偏差 $B_s \overrightarrow{A_i}$ 的和 – 减环下偏差 $B_x \overleftarrow{A_i}$ 的和。

$$B_s A_0 = \sum_{i=1}^{m} B_s \overrightarrow{A_i} - \sum_{i=m+1}^{n-1} B_x \overleftarrow{A_i} = (B_{sA_3} + B_{sA_4}) - (B_{xA_1} + B_{xA_2})$$

5）封闭环的下偏差 $B_x A_0$ =增环下偏差 $B_x \overrightarrow{A_i}$ 的和 – 减环上偏差 $B_s \overleftarrow{A_i}$ 的和。

$$B_x A_0 = \sum_{i=1}^{m} B_x \overrightarrow{A_i} - \sum_{i=m+1}^{n-1} B_s \overleftarrow{A_i} = (B_{xA_3} + B_{xA_4}) - (B_{sA_1} + B_{sA_2})$$

6）封闭环的公差 T_0 =所有组成环公差 T_i 的和。

$$T_0 = \sum_{i=1}^{n-1} T_i = T_1 + T_2 + T_3 + T_4$$

式中　n——包括封闭环在内的尺寸链总环数；

　　　　m——增环的数目；

　　　　$n-1$——组成环总数。

三、应用装配尺寸链的计算来检验模具已设定全部零件的尺寸和偏差是否正确

在设定模具全部零件的所有尺寸和偏差后，如果采用互换法装配模具，则还要验证用这些零件装配成模具，是否一定保证达到要求的装配精度。这个验证实质就是已知装配尺寸链的全部组成环的公称尺寸和偏差，以及要求模具装配精度，通过尺寸链的计算，求出实际封闭环 A_0' 的公称尺寸和偏差，然后将 A_0' 与要求装配精度所对应的封闭环 A_0 的公称尺寸和偏差作对比，判断出设定模具全部零件尺寸和偏差是否正确。

例：在图 4-22（a）中，已知要求装配后凸模下端面高于卸料板下平面的距离 $A_0 = 0.2 \sim 0.8\text{mm}$，设定装配件的尺寸为 $A_1 = 60_{-0.25}^{0}\text{mm}$、$A_2 = 15_{-0.08}^{0}\text{mm}$、$A_3 = 55_{-0.15}^{0}\text{mm}$、$A_4 = 20_{-0.12}^{0}\text{mm}$。

请用装配尺寸链检验用这些零件按互换法装配成模具后，能否达到装配精度要求？

解：根据装配过程可知，A_1、A_2、A_3、A_4 的尺寸是装配前就已加工好的直接得的尺寸，仅 A_0 的尺寸是装配后间接形成的尺寸，故确定 A_0 为封闭环，接着以 A_0 两端出发、首尾相接的方法画出图 4-22（b）的尺寸链，在每环旁画出同样转向的箭头来辨别增、减环。为计算方便，列出各环尺寸如下：

封闭环：要求 $A_0 = 0.2 \sim 0.8\text{mm} = 0_{+0.2}^{+0.8}\text{mm}$。

增环：$A_3 = 55_{-0.15}^{0}\text{mm}$，$A_4 = 20_{-0.12}^{0}\text{mm}$。

减环：$A_1 = 60_{-0.25}^{0}\text{mm}$，$A_2 = 15_{-0.08}^{0}\text{mm}$。

设将上述尺寸的零件装配后得实际封闭环公称尺寸 A_0'，其上、下偏差分别是 $B_s A_0'$ 和 $B_x A_0'$，则

$$A_0' = \sum_{i=1}^{m} \overrightarrow{A_i} - \sum_{i=m+1}^{n-1} \overleftarrow{A_i} = (A_3 + A_4) - (A_1 + A_2) = [(55+20)-(60+15)]\text{mm} = 0$$

$$B_s A_0' = \sum_{i=1}^{m} B_s \overrightarrow{A_i} - \sum_{i=m+1}^{n-1} B_x \overleftarrow{A_i} = (B_{sA_3} + B_{sA_4}) - (B_{xA_1} + B_{xA_2})$$

$$= [(0+0)-(-0.25-0.08)]\text{mm} = 0.33\text{mm}$$

$$B_x A_0' = \sum_{i=1}^{m} B_x \overrightarrow{A_i} - \sum_{i=m+1}^{n-1} B_s \overleftarrow{A_i} = (B_{xA_3} + B_{xA_4}) - (B_{sA_1} + B_{sA_2})$$

$$= [(-0.15-0.12)-(0+0)]\text{mm} = -0.27\text{mm}$$

所以得到实际封闭环 $A_0' = 0_{-0.27}^{+0.33}\text{mm}$，对比要求的封闭环 $A_0 = 0_{+0.2}^{+0.8}\text{mm}$ 得知，用这样尺寸的零件装配的模具，有部分达不到装配精度要求，因此要修改有关零件尺寸和偏差来达到装配精度要求。

验证后，如果有部分达不到装配精度要求，则可根据下面两种情况来修改某些有关零件的尺寸和偏差。

当各组成环公差和（即实际封闭环公差 T_0'）≤要求封闭环公差 T_0 时，则表明各有关零件加工精度达到要求，即无需减少各组成环的公差，只要调整某些组成环的公差带的位置即可。此时，可把要求的封闭环尺寸和偏差当作已知的实际封闭环的尺寸和偏差，除了一个组成环的尺寸和偏差当作未知环外，其余各组成环的尺寸和偏差仍保持不变，然后通过尺寸链的计算求出未知环的尺寸和偏差。

此例各组成环公差和 $T_0' = (0.15+0.12+0.25+0.08)\text{mm} = 0.6\text{mm} = $ 要求封闭环公差 $T_0 = 0.6\text{mm}$，符合 $T_0' \leq T_0$ 的情况。接着可假设 A_4 为未知环，并使 $A_0' = A_0 = 0_{+0.2}^{+0.8}\text{mm}$，

解尺寸链：

将

$$A_0' = (A_3 + A_4) - (A_1 + A_2)$$

代入已知尺寸得

$$0 = (55 + A_4) - (60 + 15)$$
$$A_4 = 20\text{mm}$$

将

$$B_s A_0' = (B_s A_3 + B_s A_4) - (B_x A_1 + B_x A_2)$$

代入已知偏差得

$$0.8 = (0 + B_s A_4) - (-0.25 - 0.08)$$
$$B_s A_4 = 0.47\text{mm}$$

将

$$B_x A_0' = (B_x A_3 + B_x A_4) - (B_s A_1 + B_s A_2)$$

代入已知偏差得

$$0.2 = (-0.15 + B_x A_4) - (0 + 0)$$
$$B_x A_4 = 0.35\text{mm}$$
$$A_4 = 20_{+0.35}^{+0.47}\text{mm}$$

所以修正后各组成环尺寸为 $A_1 = 60_{-0.25}^{0}\text{mm}$、$A_2 = 15_{-0.08}^{0}\text{mm}$、$A_3 = 55_{-0.15}^{0}\text{mm}$、$A_4 = 20_{+0.35}^{+0.47}\text{mm} = 20.47_{-0.12}^{0}\text{mm}$。

当各组成环的公差和（即实际封闭环公差 T_0'）＞要求的封闭环公差 T_0 时，也就是各有关零件的尺寸累积误差和已超过装配精度公差时，就要求提高有关零件的加工精度，即缩减某些组成环的公差，使各组成环的公差和≤要求的封闭环公差 T_0，再应用尺寸链重新求出各组成环的尺寸和偏差，其计算方法与下面介绍的按互换装配法来确定有关装配件尺寸和偏差的计算方法相同。

四、模具常用的两种保证装配精度的装配方法

为了保证模具的装配质量，降低制造成本，必须根据模具要求的装配精度高低、有关装配零件数目多少、现有零件加工设备精密程度、装配工人技术水平高低等因素来选定模具的装配方法。下面介绍两种常用的装配方法及其实际应用。

1. 互换装配法

（1）互换装配法的概念及其应用场合

有关零件按设定尺寸和公差加工后，装配时不需修配、选择和调整，就能保证模具装配精度的方法称为互换装配法。这种装配法实质上就是通过控制零件的加工误差来保证模具的装配精度，因而其要求的装配精度公差和有关零件的制造公差之间应满足以下

条件，即

$$T_0 \geqslant T_1 + T_2 + T_3 + \cdots + T_{n-1} = \sum_{i=1}^{n-1} T_i$$

式中　T_0——要求装配精度公差，mm；

　　　T_i——有关装配零件的尺寸公差，mm；

　　　$n\text{-}1$——尺寸链中组成环总环数。

互换装配法具有装配工作简单、装配效率高、质量稳定、易于组织流水作业、对装配工人技术水平要求较低、模具维修时零件更换方便等优点。但是大多数模具装配精度要求高、装配尺寸链的组成环较多，就容易造成各组成环的公差很小，零件加工的精度要求较高，要求具有先进精密加工设备才能保证加工出高精度零件，因而一般没有精密零件加工设备的工厂就不适用这种装配方法。

（2）按互换装配法确定装配零件的尺寸和偏差的方法

如果按互换装配法装配模具，为了保证装配精度，在装配前就要根据装配精度公差和各有关装配零件的大致尺寸（公称尺寸），通过尺寸链的计算来确定各有关零件的尺寸和偏差，然后按这规定的尺寸和偏差来加工各有关装配零件，这样才能保证达到装配精度要求。下面介绍按互换装配法解算尺寸链来确定图 4-1 中的定模型腔、推件板、动模板、型芯的尺寸和偏差的计算方法和过程。

例： 根据图 4-1 画出由定模型腔、推件板、动模板、型芯组成的结构简图，如图 4-23（a）所示。为了避免塑件 ϕ8mm 孔顶部出现不通孔，要求模具完全闭合后型芯上端面到型腔顶面的间隙 A_0 小于塑料 ABS 的不溢料间隙值 0.05mm，即要求模具装配后，A_0=0～0.05mm。其余有关装配件的公称尺寸根据图 4-1～图 4-5 标注尺寸而得，也把它们标注在图上。请按互换装配法用尺寸链求出有关装配零件的尺寸和偏差。

解： 根据装配过程得知，A_0 的尺寸是装配后间接形成的尺寸，所以它是封闭环。然后由 A_0 两端出发，按首尾相接方式，把图中相互联系的尺寸连接成装配尺寸链，如图 4-23（b）所示，在每环旁侧画出顺向环绕箭头，列出封闭环、增环、减环中的已知数据。

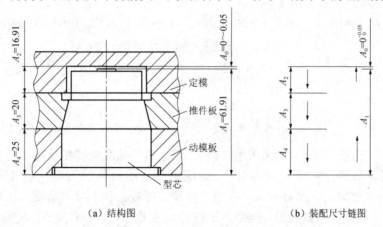

（a）结构图　　　　　　　　（b）装配尺寸链图

图 4-23　定模板型腔、推件板、动模板、型芯的结构图和它的装配尺寸链

封闭环： $A_0 = 0 \sim 0.05\text{mm} = 0_0^{+0.05}\text{mm}$ 。

增环： $A_2 = 16.91\text{mm}$ 、 $A_3 = 20\text{mm}$ 、 $A_4 = 25\text{mm}$ （全部待定偏差）。

减环： $A_1 = 61.91\text{mm}$ （待定偏差）。

1）各组成环平均公差 $T_\text{m} = \dfrac{T_0}{n-1} = \dfrac{0.05-0}{5-1}\text{mm} = 0.013\text{mm}$ 。

以各组成环平均公差为基准，根据零件的尺寸大小和加工难易程度，将封闭环 T_0 公差合理分配给各组成环，要保证 $T_0 = \sum\limits_{i=1}^{n-1} T_i = T_1 + T_2 + T_3 + T_4$ 。

A_2 是型腔深度尺寸，加工较难，但其尺寸最小，所以取 $T_2 = T_\text{m} = 0.013\text{mm}$ 。 A_1 是型芯高度，加工容易，但其尺寸比其他尺寸大很多，所以 T_1 取值应比 T_m 大，取 $T_1 = 0.017\text{mm}$ 。 A_4 和 A_3 是板厚度尺寸，加工容易，尺寸较小，所以它们公差值应比 T_m 小，取 $T_3 = T_4 = (T_0 - T_1 - T_2)/2 = [(0.05 - 0.017 - 0.013)/2]\text{mm} = 0.01\text{mm}$ 。

2）选定便于测量尺寸的环作为未知环，这一环也叫从属环。除了从属环外，将其余环按上面已确定的公差标注工艺尺寸（入体方向标注）。

这里选定 A_1 为从属环，其余各环工艺尺寸标注为 $A_2 = 16.91_0^{+0.013}\text{mm}$ 、 $A_3 = 20_{-0.01}^{0}\text{mm}$ 、 $A_4 = 25_{-0.01}^{0}\text{mm}$ 。

3）通过解装配尺寸链，求出从属环 A_1 的公称尺寸和上、下极限偏差。

从 $A_0 = \sum\limits_{i=1}^{m} \overrightarrow{A_i} - \sum\limits_{i=m+1}^{n-1} \overleftarrow{A_i} = (A_2 + A_3 + A_4) - A_1$ 得

$$A_1 = (A_2 + A_3 + A_4) - A_0 = (16.91 + 20 + 25 - 0)\text{mm} = 61.91\text{mm}$$

从 $B_s A_0 = \sum\limits_{i=1}^{m} B_s \overrightarrow{A_i} - \sum\limits_{i=m+1}^{n-1} B_x \overleftarrow{A_i} (B_s A_2 + B_s A_3 + B_s A_4) - B_x A_1$ 得

$$B_x A_1 = (B_s A_2 + B_s A_3 + B_s A_4) - B_s A_0 = (0.013 + 0 + 0 - 0.05)\text{mm} = -0.037\text{mm}$$

从 $B_x A_0 = \sum\limits_{i=1}^{m} B_x \overrightarrow{A_i} - \sum\limits_{i=m+1}^{n-1} B_s \overleftarrow{A_i} (B_x A_2 + B_x A_3 + B_x A_4) - B_s A_1$ 得

$$B_s A_1 = (B_x A_2 + B_x A_3 + B_x A_4) - B_x A_0 = (0 - 0.01 - 0.01 - 0)\text{mm} = -0.02\text{mm}$$

$$A_1 = 61.91_{-0.037}^{-0.02}\text{mm} = 61.89_{-0.017}^{0}\text{mm}$$

所以，各组成环尺寸为 $A_1 = 61.89_{-0.017}^{0}\text{mm}$ 、 $A_2 = 16.91_0^{+0.013}\text{mm}$ 、 $A_3 = 20_{-0.01}^{0}\text{mm}$ 、 $A_4 = 25_{-0.01}^{0}\text{mm}$ 。

2. 修配法

在图 4-23 的模具图中，如果采用互换装配法，由于装配精度要求高（公差 0.05mm），组成环数目又较多（4 个组成环），则分配到每一组成环的公差较小（平均公差仅 0.013mm）。零件加工精度要求高，将使零件加工困难，加工成本增高，这对于一般非专业模具厂来说是难以做到的。因此，一般工厂常采用修配法来保证模具的装配精度。

修配法是指各有关装配零件先按一般经济精度加工，然后在装配时通过刮修去指定零件上的预留修配量来达到装配精度的方法。修配方法常有两种，即按件修配法和合并加工修配法。其中合并加工修配法是把两个或两个以上的零件装配在一起，再进行机械加工，以达到装配精度要求，如图 4-24 所示。为了保证型芯上端面与固定板上底面共面，可将型芯压入固定板孔后再一起磨削两平面，这样对零件尺寸 A_1 和 A_2 的加工误差就不必严格控制了。这种方法比较简单，这里不作详细介绍。下面重点介绍按件修配法。

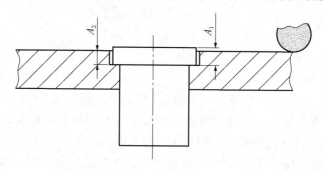

图 4-24　把型芯和固定板上平面一起磨平

按件修配法是在装配尺寸链中预先指定一个装配件作为修配件（修配环），装配时再通过切削加工方法改变该件尺寸以达到装配精度的要求。

在按件修配法中，选定的修配件应是易装拆和易加工，且在修配切削时，它的尺寸改变对其他尺寸链不致产生影响的零件。

修配法计算是指根据要求装配精度和有关装配件的公称尺寸，通过计算来确定有关装配件的尺寸和偏差的过程。下面以图 4-23（b）的装配尺寸链为例介绍其计算过程。

例：画出图 4-23（b）的尺寸链后，列出封闭环、增环、减环已知数据：

封闭环：$A_0 = 0 \sim 0.05 \text{mm} = 0_0^{+0.05} \text{mm}$。

增环：$A_2 = 16.91 \text{mm}$、$A_3 = 20 \text{mm}$、$A_4 = 25 \text{mm}$（全部待定偏差）。

减环：$A_1 = 61.91 \text{mm}$（待定偏差）。

解：

1）除了计算型腔时已确定不容改变的 $T_2 = 0.13 \text{mm}$ 外，其余各组成环按一般经济加工精度 IT9 确定其公差：

$$T_1 = 0.07 \text{mm}$$
$$T_3 = T_4 = 0.05 \text{mm}$$

2）根据易装拆、易加工、修配时其尺寸改变不会影响其他重要尺寸的原则，选定修配环，然后除修配环外，其余各环按工艺尺寸（入体方向）标注尺寸。

A_2 为型腔深度尺寸，不允许改变，A_3 和 A_4 的尺寸改变会影响大型芯成型高度尺寸，仅有修磨 A_1 上端时，才不会影响模具的重要尺寸，因而选定 A_1 为修配环，其余各环按工艺尺寸标注为

$$A_2 = 16.91_0^{+0.13} \text{mm} \qquad A_3 = 20_{-0.05}^{0} \text{mm} \qquad A_4 = 25_{-0.05}^{0} \text{mm}$$

3）求算出修配环 A_1。修配环 A_1 是减环，因此它在修配中被逐步切除余量时，将使实际封闭环 A_0' 渐渐变大，当 A_1 小至某一尺寸，而使实际封闭环尺寸 A_0' 等于要求的封闭环最大尺寸 $A_{0\max}$ 时，装配后刚好达到装配精度，这时如果继续将 A_1 切削使其变小，就会致使实际封闭环 $A_0' > A_{0\max}$（要求封闭环最大尺寸）。即继续修配切削余量为 0，此时 A_1 的尺寸即为它的最小尺寸 $A_{1\min}$。这样就可以把要求封闭环最大尺寸当作实际封闭环最大尺寸，通过解尺寸链求出修配环最小尺寸 $A_{1\min}$。同样道理，如果修配环为增环，可把要求封闭环最小尺寸 $A_{0\min}$ 当作实际封闭环最小尺寸 $A_{0\min}'$，通过解尺寸链求出修配环最大尺寸 $A_{\max}$。下面用尺寸链计算出本例题的 $A_{1\min}$：

由 $A_{0\max}' = (A_{2\max} + A_{3\max} + A_{4\max}) - A_{1\min}$ 得

$$A_{1\min} = (A_{2\max} + A_{3\max} + A_{4\max}) - A_{0\max}' = (17.04 + 20 + 25 - 0.05)\text{mm} = 61.99\text{mm}$$

从前面分析可知，当修配环 $A_1 = 61.99\text{mm}$ 时，切削量为 0。实际上为了通过修配切削来提高零件表面质量，还必须留有必要的最小修配切削量。若取最小修配切削量为 0.11mm，则修正后的 $A_{1\min} = (61.99 + 0.11)\text{mm} = 62.1\text{mm}$。

由于已定 $T_1 = 0.07\text{mm}$，故修配环最后尺寸为 $A_1 = (62.1 \sim 62.17)\text{mm} = 62.17_{-0.07}^{0}\text{mm}$。

所以按修配法确定有关装配件的尺寸是 $A_1 = 62.17_{-0.07}^{0}\text{mm}$、$A_2 = 16.91_{0}^{+0.13}\text{mm}$、$A_3 = 20_{-0.05}^{0}\text{mm}$、$A_4 = 25_{-0.05}^{0}\text{mm}$。

把按修配法确定有关装配件的公差与按互换法确定有关装配件的公差作比较，前者比后者扩大了几倍，因而修配法确定的有关配件易于加工，加工成本低，不需要高精度的加工设备，适用于一般工厂的模具制造。但其装配精度高低全凭装配工人的技术水平来决定，所以装配质量不稳定，装配效率也较低。

附　　录

附表1　外圆表面加工方案

序号	加工方案	公差等级	表面粗糙度值 Ra/μm	适用范围
1	粗车	IT11 以下	12.5～50	适用于淬火钢以外的各种金属
2	粗车→半精车	IT9～IT10	3.2～6.3	
3	粗车→半精车→精车	IT9～IT10	0.8～1.6	
4	粗车→半精车→精车→滚压（或抛光）	IT8～IT10	0.025～0.2	
5	粗车→半精车→磨削	IT7～IT8	0.4～0.8	主要用于淬火钢,也可以用于未淬火钢。但不宜加工非铁金属
6	粗车→半精车→粗磨→精磨	IT6～IT7	0.1～0.8	
7	粗车→半精车→粗磨→精磨→超精加工（或轮式超精磨）	IT5	<0.1	
8	粗车→半精车→精车→金刚石车	IT6～IT7	0.025～0.4	主要用于非铁金属加工
9	粗车→半精车→粗磨→精磨→超精磨或镜面磨	IT5 以上	<0.025	极高精度的外面加工

附表2　孔加工方案

序号	加工方案	公差等级	表面粗糙度值 Ra/μm	适用范围
1	钻削	IT11～IT12	12.5	加工未淬火钢及铸铁,也可以用于加工非铁金属
2	钻削→铰削	IT9	1.6～3.2	
3	钻削→铰削→精铰	IT7～IT8	0.8～1.6	
4	钻削→扩孔	IT10～IT11	6.3～12.5	同上,孔径可小于15～20mm
5	钻削→扩孔→铰削	IT8～IT9	1.6～3.2	
6	钻削→扩孔→粗铰→精铰	IT7	0.8～1.6	
7	钻削→扩孔→机铰→手铰	IT6～IT7	0.1～0.4	
8	钻削→扩孔→拉削	IT7～IT9	0.1～1.6	大批量生产(精度由拉刀的精度而定)
9	粗镗（或扩孔）	IT11～IT12	6.3～12.5	除淬火钢以外的各种材料,毛坯有铸出孔或锻出孔
10	粗镗（粗扩）→半精镗（精扩）	IT8～IT9	1.6～3.2	
11	粗镗（扩孔）→半精镗（精扩）→精镗（铰）	IT7～IT8	0.8～1.6	
12	粗镗（扩孔）→半精镗（精扩）→精镗→浮动镗刀精镗	IT6～IT7	0.4～0.8	
13	粗镗（扩孔）→半精镗磨孔	IT7～IT8	0.2～0.8	主要用于淬火钢,也可用于未淬火钢,但不宜用于非铁金属
14	粗镗（扩孔）→半精镗→精镗→金刚镗	IT6～IT7	0.1～0.2	

序号	加工方案	公差等级	表面粗糙度值 $Ra/\mu m$	适用范围
15	粗镗→半精镗→精镗→金刚镗	IT6～IT7	0.05～0.4	主要用于精度高的非铁金属,用于精度要求很高的孔
16	钻削→（扩孔）→粗铰→精铰→珩磨钻→扩孔→拉削→珩磨粗镗→半精镗→精镗→珩磨	IT6～IT7	0.025～0.2	
17	以研磨代替上述方案中的珩磨	IT6 以上	0.025～0.2	

附表3　平面加工方案

序号	加工方案	公差等级	表面粗糙度值 $Ra/\mu m$	适用范围
1	粗车→半精车	IT9	3.2～6.3	主要用于端面加工
2	粗车→半精车→精车	IT7～IT8	0.8～1.6	
3	粗车→半精车→磨削	IT8～IT9	0.2～0.8	
4	粗刨(或粗铣)→精刨(或精铣)	IT9	1.6～6.3	一般不淬火硬平面
5	粗刨(或粗铣)→精刨(或精铣)→刮研	IT6～IT7	0.1～0.8	精度要求较高的不淬火硬平面,批量较大时宜采用宽刃精刨
6	以宽刃刨削代替上述方案中的刮研	IT7	0.2～0.8	
7	粗刨(或粗铣)→精刨(或精铣)→磨削	IT7	0.2～0.8	精度要求高的淬火硬平面或未淬火硬平面
8	粗刨(或粗铣)→精刨(或精铣)→粗磨→精磨	IT6～IT7	0.02～0.4	
9	粗铣→拉削	IT7～IT9	0.2～0.8	大量生产,较小的平面(精度由拉刀精度而定)
10	粗铣→精铣→磨削→研磨	IT6 以上	<0.1	高精度的平面

附表4　中等尺寸模具零件加工工序余量

本工序→下工序		本工序表面粗糙度值 $Ra/\mu m$	本工序单面余量/mm	说明
锯	锻		型材尺寸<250 时取 2～4，>250 时取 3～6	锯床下料端面上余量
	车		中心孔加工时，长度上的余量 3～5	
			夹头长度>70 时取 8～10，<70 时取 6～8	工艺夹头量
钳工	插、铣		排孔与线边距 0.3～0.5,孔距 0.1～0.3	主要用于排孔挖料
铣	插		5～10	主要对型孔、窄槽的清角加工
刨	铣	6.3	0.5～1	加工面垂直度、平行度取 1/3 本工序余量

续表

本工序→下工序		本工序表面粗糙度值 Ra/μm	本工序单面余量/mm	说明
铣、插	精铣仿刨	6.3	0.5~1	加工面垂直度、平行度取 1/3 本工序余量
钻	镗孔	6.3	1~2	孔径大于 30mm 时，余量酌增
钻	铰孔	3.2	0.05~0.1	小于 14mm 的孔

车 → 磨外圆（3.2）：

工件直径	工件长度		
	~30	>30~60	>60~120
3~30	0.1~0.12	0.12~0.17	0.17~0.22
30~60	0.12~0.17	0.17~0.22	0.22~0.28
60~120	0.17~0.22	0.22~0.28	0.28~0.33

车 → 磨孔（1.6）：

工件孔深	工件孔径		
	~4	4~10	10~50
3~15	0.02~0.05	0.05~0.08	0.08~0.13
15~30	0.05~0.08	0.08~0.12	0.12~0.18

（说明：加工表面的垂直度和平行度允许取 1/3 本工序余量）

本工序→下工序		本工序表面粗糙度值 Ra/μm	本工序单面余量/mm	说明
刨铣	磨	3.2	平面尺寸<250 时取 0.3~0.5；>250 时取 0.4~0.6，外形取 0.2~0.3，内形取 0.1~0.2	加工表面的垂直度和平行度允许取 1/3 本工序余量
仿刨插	钳工锉修打光		0.15~0.25 0.1~0.2	
精铣插	钳工锉修打光	1.6 3.2	0.1~0.15 0.1~0.2	加工表面要求垂直度和平行度应符合要求
仿刨	钳工锉修打光	3.2	0.015~0.025	要求上下锥度<0.03
仿形铣	钳工锉修打光	3.2	0.05~0.15	仿形刀痕与理论型面的最小余量
精铣钳修	研抛	1.6 1.6	<0.05 0.01~0.02	加工表面要求保持工件的形状精度、尺寸精度和表面粗糙度
车镗磨	研抛	0.8	0.005~0.01	
电火花加工	研抛	3.2~1.6	0.01~0.03	用于型腔表面加工等
线切割	研抛	3.2~1.6	<0.01	凹、凸模，导向卸料板，固定板
线切割	研抛	0.4	0.02~0.03	型腔、型芯、镶块等

续表

本工序→下工序		本工序表面 粗糙度值 $Ra/\mu m$	本工序单面余量/mm	说明
平磨	研抛	0.4	0.15～0.25	可用于准备电 火花线切割、成 型磨削和铣削等 的划线坯料

附表5　内六角圆柱头螺钉   单位：mm

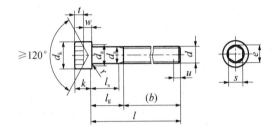

标记示例

螺纹规格：d=M5，公称长度 l=20mm，性能等级为8.8级，表面氧化的A级内六角圆柱头螺钉；

标记为：　螺钉　GB/T 70.1　M5×20

螺纹规格		M4	M5	M6	M8	M10	M12	M16	M20
螺距 P		0.7	0.8	1	1.25	1.5	1.75	2	2.5
b（参考）		20	22	24	28	32	36	44	52
d_k	max	7.00	8.50	10.00	13.00	16.00	18.00	24.00	30.00
	min	6.78	8.28	9.78	12.73	15.73	17.73	23.67	29.67
d_a	max	4.7	5.7	6.8	9.2	11.2	13.7	17.7	22.4
d_s	max	4.00	5.00	6.00	8.00	10.00	12.00	16.00	20.00
	min	3.82	4.82	5.82	7.78	9.78	11.73	15.73	19.67
e	min	3.44	4.58	5.72	6.86	9.15	11.43	16	19.44
k	max	4.00	5.00	6.0	8.00	10.00	12.00	16.00	20.00
	min	3.82	4.82	5.7	7.64	9.64	11.57	15.57	19.48
r	min	0.2	0.2	0.25	0.4	0.4	0.6	0.6	0.8
s	公称	3	4	5	6	8	10	14	17
	max	3.071	4.084	5.084	6.095	8.115	10.115	14.142	17.23
	min	3.020	4.020	5.020	6.020	8.025	10.025	14.032	17.05
t	min	2	2.5	3	4	5	6	8	10
u	max	0.4	0.5	0.6	0.8	1	1.2	1.6	2
W	min	1.4	1.9	2.3	3.3	5	4.8	6.8	8.6
l（长度系数）		6,8,10	8,10 12,16	10,12 16,20	12,16 20,25 30,35	16,20 25,30 35,40	20,25 30,35 40,45	25,30 35,40 45,50 55,60	25,30 35,40 45,50 55,60

螺纹规格	M4	M5	M6	M8	M10	M12	M16	M20
	12,16	20,25	25,30	40,45	45,50	50,55	65,70	65,70
	20,25	30,35	35,40	50,55	55,60	60,65	80,90	80,90
	30,35	40,45	45,50	60,65	65,70	70,80	100,110	100,110
L（长度系数）	40	50	55,60	70,80	80,90	90,100	120,130	120,130
					100	110,120	140,150	140,150
							160	160,180
								200

注：1. 标准：GB/T 70.1—2000。

　　2. 材料：35 钢。

附表 6　内六角螺钉通过孔尺寸

单位：mm

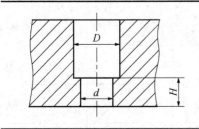

通过孔尺寸	螺钉						
	M6	M8	M10	M12	M16	M20	M24
d	7	9	11.5	13.5	17.5	21.5	25.5
D	11	13.5	16.5	19.5	25.5	31.5	37.5
H_{min}	3	4	5	6	8	10	12
H_{max}	25	35	45	55	75	85	95

螺钉旋进的最小深度、沉孔最小深度及圆柱销配合尺寸如下图所示。

攻螺纹前钻孔直径如下：

当螺距 $P<1\mathrm{mm}$ 时　　　　　　　　　　　$d_0=d_M-t$

当螺距 $P>1\mathrm{mm}$ 时　　　　　　　　　　　$d_0=d_M-(1.04\sim1.06)t$

式中　d_0——钻孔直径（mm）；

　　　d_M——螺纹标称直径（mm）。

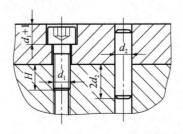

附表7 常用热塑性塑料注射成型的工艺条件

塑料名称		醋酸纤维素	硬聚氯乙烯	增强尼龙	聚丙烯	聚碳酸酯	聚砜	聚甲醛	ABS	聚苯醚	高密度聚乙烯
注射机类型		柱塞式	螺杆式								
温度/℃	料筒温度（后）	150～170	160～170	230～240	160～170	240～270	250～270	160～170	180～200	230～240	140～160
	料筒温度（中）	—	165～180	270～280	200～220	260～290	280～300	170～180	210～230	250～280	180～200
	料筒温度（前）	170～190	170～190	250～260	180～200	240～280	310～330	180～190	200～210	260～290	240～470
	喷嘴温度	150～180	150～170	250～260	170～190	230～250	290～310	170～180	180～190	250～280	290～300
	模具温度	40～70	30～60	110～120	40～80	90～110	130～150	90～120	50～70	110～150	30～60
压力/MPa	注射压力	60～130	80～130	80～130	70～120	110～140	80～200	80～130	70～90	80～200	70～100
时间/s	注射时间	15～45	15～60	20～60	20～60	20～80	30～90	20～90	15～30	30～90	15～60
	高压时间	0～3	0～5	2～5	0～5	0～5	0～5	0～5	3～5	0～5	0～5
	冷却时间	15～45	15～60	20～60	15～50	20～50	30～60	20～60	15～30	30～60	15～60
	总周期	40～100	40～130	50～130	40～120	50～130	65～160	50～160	40～70	70～160	40～140
螺杆转速/(r/min)			20～30	20～40	30～60	20～40	28	28	30～60	28	30～60
收缩率/%		1～1.5	1～1.5	0.7～1	1～3	0.5～0.7	0.6～1	2～3	0.4～0.7	0.7～1	1.5～3
后处理	方法			油、盐水		红外灯、烘箱	红外灯、甘油、烘箱	红外灯、烘箱		红外灯、甘油	
	温度/℃			100～110		100～130	110～130	140～145	70	150	
	时间/h			4		2～8 或 1～2h/mm	4～8		4	2～4	<4
	备注		含增塑剂10份以下	玻璃纤维含量30%			特性黏度0.6左右	共聚甲醛			

附表 8　注射模试模时常见的故障或缺陷的现象及其原因和解决办法

常见的故障或缺陷现象	产生的原因	解决的办法
塑料充模不足	1）注射压力太低或料流动性差 2）模具温度偏低 3）料筒供料量不足 4）来不及充满模型腔 5）流道阻力过大 6）塑料熔体流至型腔末端处，气体难排出	1）增大注射压力或适当提高料筒内温度 2）对模具预热 3）增大供料量 4）增大注射速度和保压时间 5）适当增大流道和浇口尺寸 6）在熔体流至型腔末端处开设排气间隙
塑件产生溢边	1）注射压力过大 2）模具因锁模力不足而闭合不紧 3）模具的分型面因有异物或动、定模板不平行而不紧贴，引起漏料 4）注射速度过高或料筒温度过高而引起溢边	1）适当减小注射压力 2）提高合模力 3）清除分型面异物，重新磨平动、定模板 4）适当调低注射速度和料筒温度
塑件脱模困难 （顶出塑件变形大，甚至破裂）	1）注射压力过大，注射时间过长 2）塑件注射后冷却收缩不够 3）模具成型表面太粗糙或脱模斜度太小	1）适当减少注射压力，适当缩短注射时间 2）增加冷却时间，降低模具温度 3）抛光模具成型表面，增大其脱模斜度
塑件有黑点及条纹，甚至有烧焦味	1）塑料因高温而分解 2）塑料熔体流至型腔末端处，排气困难	1）降低料筒温度，把分解的料排出后再注射 2）在料流末端处开设排气间隙
塑件产生太明显的凹陷	1）注射压力太小或保压时间太短 2）塑料熔体进入型腔的阻力过大 3）浇口位置对着窄型腔，使保压时补进料困难 4）料筒的料温过高，致使塑料收缩太大	1）调大注射压力或增长保压时间 2）增大流道和浇口尺寸 3）将浇口开至对着型腔较大截面处 4）适当调低料筒温度
塑件表面光泽差（有银纹、斑纹）	1）料筒的料温度太高 2）原材料含水量太大 3）注射压力太低 4）模具成型表面太粗糙	1）降低料筒温度 2）把原材料烘干后再注射 3）提高注射压力 4）抛光模具成型表面后再注射

参 考 文 献

范乃连，2013．冷冲模具设计与制造[M]．北京：机械工业出版社．

姜大源，2007．职业教育学研究新论[M]．北京：教育科学出版社．

李云程，1998．模具制造工艺学[M]．北京：机械工业出版社．

柳燕君，杨善义，2009．模具制造技术[M]．北京：高等教育出版社．

屈华昌，2008．塑料成型工艺与模具设计（修订版）[M]．北京：高等教育出版社．

杨金凤，黄亮，2012．模具制造工艺[M]．北京：机械工业出版社．

张景黎，范乃连，2016．模具制造综合实训[M]．北京：机械工业出版社．